大唐夜宴

武斌 著

唐代人的饮食生活

沈阳出版发行集团
沈阳出版社

目 录

contents

目录

• *contents* •

第二章

唐·宫·盛·宴

无舞不成席　　无乐不成宴

　　古代的宫廷宴会都有乐舞表演助兴，这甚至是宫廷宴饮制度的一个重要组成部分。有一个成语叫"钟鸣鼎食"，意思是吃用鼎盛装的食物，并且在享用时奏乐鸣钟，形容统治阶级奢侈、豪华的生活场面。这个成语便是源自中国的宴饮文化。钟是古代的一种乐器，鼎是古代的一种食器。宴饮之时缺少不了容器，亦缺少不了乐舞文化。

　　以歌舞助兴宫宴，是古已有之的娱乐形式。《史记·殷本纪》载："（帝纣）好酒淫乐……使师涓作新淫声，北里之舞，靡靡之乐。"在周代的时候，周公制礼作乐，就明确规定了各层级宴会的礼乐制度，制定的大舞、小舞均属宫廷舞蹈。《周礼·天官》说："膳夫受祭，品尝食，王乃食，率食，以乐彻于造。"君主进食有音乐助兴。《尚书·伊训》中有记载燕乐，"恒舞于宫，酣歌于室，时谓巫风"。周代的乐舞机构大司乐已拥有1500多乐舞伎人。其宴会气氛或热烈，

唐·李寿墓壁画《乐舞图》

或庄重；参加者或吟诗，或放歌；场面或置钟鼓，或伴舞蹈。周代贵族宴享时所用的乐歌传世很多，如《诗经》中的《鱼丽》为周天子宴享之歌，《鹿鸣》《伐木》《南有嘉鱼》《蓼萧》《湛露》都是周天子宴享来朝诸侯之歌。《彤弓》为周天子赐有功之臣的乐歌，《天保》《南山有台》为诸侯颂美周天子之歌。

春秋时，周王室式微，《论语·微子》记载，孔子曾说，周王室的许多乐师都出走了，"太师挚适齐，亚饭干适楚，三饭缭适蔡，四饭缺适秦，鼓方叔入于河，播鼗武入于汉，少师阳、击磬襄入于海"。周代天子诸侯平时吃饭，都有音乐伴奏。上文中的"太师"，相当于大司乐，是宫廷乐队的指挥官。"亚饭""三饭""四饭"都是乐官名称，分别在昼食、晡食和暮食时演奏。

汉代有"觞政"，就是在酒宴上执行觞令，为宴饮之人尽兴，选美女歌舞。《汉书·高祖纪》记载，刘邦平息英布之乱后，路经沛县，召集故旧父老作陪宴饮。他亲自打击乐器，高声唱着"大风起兮云飞扬，威加海内兮归故乡"的自撰之曲，歌毕，又亲自起舞，充分体现出其英雄得意、稳坐江山的高昂情绪。班固在《东都赋》中描写到正月元日诸侯朝见帝王时，帝王举行宴会以乐舞助兴的情景："尔乃食举《雍》彻……万乐备，百礼暨。皇欢浃，群臣醉。"曹操在《短歌行》中有诗句："我有嘉宾，鼓瑟吹笙。"说的也是宫廷宴会的音乐。

唐朝"凡大燕会，则设十部之伎于庭"。对于唐代宫廷御宴上的歌舞表演，史籍多有记载。如贞观三年（629）正月甲子，唐太宗"宴群臣，奏九部乐，歌太平，舞狮子于庭"。唐高宗永徽三年（652）宴三品于百福殿，"帝举酒极欢……相率宴乐兼奏倡优百戏"。唐宣宗"妙于音律，每赐宴前，必制新曲，俾宫婢习之"。唐懿宗"殿前供奉乐工常近五百人，每月设宴不减十余，水陆皆备，听乐观优，不知厌倦"。

李商隐有诗"龙池赐酒敞云屏，羯鼓声高众乐"，记载的是唐玄宗于兴庆宫龙池内，宴请宾客的情景。据传，唐玄宗宴请席间，兴庆宫龙池，丝竹繁盛，鼓乐齐鸣，而玄宗独爱羯鼓，羯鼓声音最为高亢，而其他乐音相比之下则有些黯然失色。宴会间的乐舞有剑舞、软舞、字舞、花舞、马舞、拓枝舞。声势浩大、气势磅礴，是乐舞合一的大型节目。历史上著名的《霓裳羽衣舞》就诞生于唐朝宫廷筵席之间。《杨太真外传》载："上又宴诸王于木兰殿。时木兰花发，皇情怡悦。妃醉中舞《霓裳羽衣》一曲，天颜大悦方知回雪流风，可以回天转地。"白居易《霓裳羽衣舞歌和微之》诗说："我昔元和侍宪皇，曾陪内宴宴昭阳。千歌百舞不可数，就中最爱霓裳舞"，记述了自己参加昭阳殿酒宴及观赏《霓裳羽衣舞》的经历。

一次，唐玄宗在勤政楼举行大酺，楼下万头攒动，笑语喧哗，以至于无法听见"鱼龙百戏之音"。高力士建议由歌唱家许和子唱一曲以"止喧"，许和子"撩鬓举袂，直奏曼声。至是广场寂寂，若无一人"。

《新唐书》记载："大中初，太常乐工五千余人，俗乐一千五百余人。宣宗每宴群臣，备百戏。帝制新曲，教女伶数十百人，衣珠翠缇绣，连袂而歌，其乐有《播皇猷》曲，舞者高冠方履，褒衣博带，趋走俯仰，中于规矩。"此段文字描述了宣宗时期乐工的规模以及宫廷宴乐表演的场景。

唐人李朝威小说《柳毅传》中描写洞庭君在水府中设宴款待柳

敦煌壁画反弹琵琶

唐·《官乐图》，台北故宫博物院藏

毅。华筵初开时，"笳角鼙鼓，旌旗剑戟，舞万夫于其右"。演奏
的乐曲名为《贵主还宫乐》。这个故事讲的是人间神话，实际上折
射出宫廷中举行盛大宴会的宏伟场面。

隋唐时，宫廷宴会的礼乐十分完备。燕乐（"燕"通"宴"）
主要是在宫廷宴饮的场合表演的音乐和歌舞。唐朝的燕乐是在隋朝
九部乐的基础上发展而来的。隋炀帝时，把各代各民族乐舞交融互
滋的散珠碎玉，用九部乐的形式归入宫廷燕乐系统，定为九部：清
商伎、西凉伎、龟兹伎、天竺伎、康国伎、疏勒伎、安国伎、高丽伎、
文康伎。这是朝廷举行宴会时乐舞表演的节目次序单，目的在炫耀

皇帝的"威德"。唐朝初年，宫廷燕乐沿用隋九部乐，但增"讌乐"（燕乐），删"礼毕"。至唐太宗时调整为十部：（1）讌乐；（2）清商乐；（3）西凉乐；（4）天竺乐；（5）高丽乐；（6）龟兹乐；（7）安国乐；（8）疏勒乐；（9）康国乐；（10）高昌乐。这十部乐中，第一部是狭义的燕乐，包括《景云乐》《庆善乐》《破阵乐》和《承天乐》四个项目，都是为皇帝和朝廷歌功颂德的。第二部清商乐是中原的传统音乐。其他八部各有民族特点、地区特点或外来乐舞特点。

至唐高宗时，伎向"坐部伎"和"立部伎"转化。坐部伎在堂上坐着演奏，立部伎在堂下站着演奏。这两部伎的项目，至唐玄宗时就确定下来：坐部伎有《燕乐》《长寿乐》《天授乐》《鸟歌万岁乐》《龙池乐》和《小破阵乐》；立部伎有《安乐》《太平乐》《破阵乐》《庆善乐》《大定乐》《上元乐》《圣寿乐》和《光圣乐》。宋人沈括《梦溪笔谈》卷五说，天宝十三载（754）"以先王之乐为雅乐，前世新声为清乐，合胡部者为宴乐（燕乐）"。

到了唐代，有许多来自西域的艺术家们已经把西域各民族的音乐舞蹈艺术带到了中原。传入中原的西域乐舞，以胡腾舞、胡旋舞和柘枝舞最为有名，号称西域"三大乐舞"。在唐代，胡腾舞盛极一时，舞者为男子，身着胡衫，袖口窄小，头戴蕃帽，脚蹬锦靴，腰缠葡萄长带，在一个花毯上腾跳，长带飘舞。诗人刘言史的诗《王中丞宅夜观舞胡腾》中详细地描述了这种舞蹈：

石国胡儿人见少，蹲舞尊前急如鸟。

织成蕃帽虚顶尖，细氎胡衫双袖小。

手中抛下葡萄盏，西顾忽思乡路远。

跳身转毂宝带鸣，弄脚缤纷锦靴软。

四座无言皆瞪目，横笛琵琶遍头促。

乱腾新毯雪朱毛，傍拂轻花下红烛。

酒阑舞罢丝管绝，木槿花西见残月。

胡旋舞在唐代十分流行。据杜佑《通典》介绍，这种舞蹈伴奏的乐器主要是各种鼓，有羯鼓、正鼓、腰鼓、铜钹和笛子、琵琶。史载康、米、史等国曾向唐朝贡献的"胡旋女子"，实际就是从事胡旋舞表演的专业舞蹈艺术家。胡旋舞传入唐朝之后，在宫廷内外盛行一时。8世纪初年，武延秀在安乐公主宅中作胡旋舞，"有姿媚，主甚喜之"。安禄山也以善舞胡旋著称，"至玄宗前，作胡旋舞，疾如风焉"。白居易有《胡旋女》一诗：

胡旋女，胡旋女，心应弦，手应鼓。

弦鼓一声两袖举，回雪飘飖转蓬舞。

左旋右转不知疲，千匝万周无已时。

人间物类无可比，奔车轮缓旋风迟。

曲终再拜谢天子，天子为之微启齿。

胡旋女，出康居，徒劳东来万里余。

中原自有胡旋者，斗妙争能尔不如。

天宝季年时欲变，臣妾人人学圜转。

中有太真外禄山，二人最道能胡旋。

梨花园中册作妃，金鸡障下养为儿。

禄山胡旋迷君眼，兵过黄河疑未反。

🌸 敦煌歌舞壁画

贵妃胡旋惑君心，死弃马嵬念更深。

从兹地轴天维转，五十年来制不禁。

胡旋女，莫空舞，数唱此歌悟明主。

　　白居易在诗中以转蓬、车轮、旋风等比喻，突出强调了胡旋舞疾速旋转的特点。他说，与胡旋舞相比，那飞奔转动的车轮和急速旋转的旋风都显得太迟了。而且一跳起来，旋转的圈子很多，左旋右转不知道一点疲倦，千匝万周猜不透什么时候才能跳完。

　　舞柘枝者多为青年女子，舞者头戴绣花卷边虚帽，帽上施以珍珠，缀以金铃。身穿薄透紫罗衫，纤腰窄袖，身垂银蔓花钿，脚穿锦靴，踩着鼓声的节奏翩翩起舞。婉转绰约，轻盈飘逸，金铃丁零，

锦靴沙沙，"来复来兮飞燕，去复去兮惊鸿"，当曲尽舞停时，舞者罗衫半袒，犹自秋波送盼，眉目注人。

柘枝舞艺术境界高超，且具有很强的观赏性，引起了唐朝社会各阶层的极大兴趣和爱好，诗人刘禹锡、薛能、张祜、白居易、沈亚之、卢肇等都写过有关柘枝舞的诗歌。白居易《柘枝伎》：

> 平铺一合锦筵开，连击三声画鼓催。
>
> 红蜡烛移桃叶起，紫罗衫动柘枝来。
>
> 带垂钿胯花腰重，帽转金铃雪面回。
>
> 看即曲终留不住，云飘雨送向阳台。

再如刘禹锡《和乐天柘枝》："鼓催残拍腰身软，汗透罗衣雨点花。"张祜咏柘枝舞的诗最多，如《池州周员外出柘枝》："红筵高设画堂开，小妓妆成为舞催。珠帽着听歌遍匝，锦靴行踏鼓声来。"这些诗句说明"拓枝舞"是在鼓声伴奏下出场、起舞的，其舞蹈具有节奏鲜明、气氛热烈、风格健朗的特点。

唐玄宗精通音律，擅长击羯鼓、吹玉笛，创建"梨园"，培训艺人，聚集了李龟年、马先期、张野狐等一大批音乐舞蹈家，营造出浓郁的乐舞氛围。他尤为喜爱西域乐舞，在朝中设立专门教养乐工和舞人的机构，广泛吸取西域乐舞的经验，培养了不少乐舞人才，创造出许多新的舞蹈。

唐朝的音乐机构，原来有太乐署、鼓吹署和教坊，都由太常寺管辖。教坊在宫廷中规模很小，至玄宗开元二年（714）大加扩充，除宫廷中设内教坊以外，在西京长安（今西安）和东京洛阳，各设外教坊两所，都不属于太常寺，而另由宫廷派年官（宦官）为"教坊使"进行管理。这些扩大了的和新成立的音乐机构，主要传习俗乐，是搜集民间乐舞、培养乐工的地方，也是提高乐舞艺术、传播乐舞的地方。此外，贵族豪门以及各州郡也都有乐人伶工。在唐玄宗提倡之下，乐舞盛行，风靡一时。

天宝十四年（755），安史之乱爆发，"梨园弟子散如烟"，教坊乐人多流散各地。安史之乱平息后，教坊未能恢复开元天宝之盛。至唐宪宗元和十四年（819），复置内教坊于延政里。唐宣宗初年，太常乐工仍有5000余人，俗乐1500余人。而唐宣宗每宴臣僚，自制新曲，所教女伶犹有数千人。所以终唐之世，一直保存着开元乐舞的流风余韵。

除了在宫廷正式酒宴之外，一般在大型酒宴上都有歌伎表演，载歌载舞，向客人殷勤劝酒，可以说是"无舞不成席，无乐不成宴"。唐人饮酒时少不了歌伎侑酒，且饮且歌且舞。歌姬舞女的规模、乐器的多少，成为显示宴饮规格大小的重要标准。《唐语林》记载："武宗数幸教坊作乐，优倡杂进，酒酣作技，谐谑如民间宴席。"在南唐顾闳中《韩熙载夜宴图》中，对当时夜宴场景进行了非常细致的描绘。宾客欢愉，余兴未消，现场唤来歌姬进行歌舞表演，而韩熙载还在其中亲自上阵，击鼓奏乐，活络气氛。当时官僚贵族的家里，普遍畜养歌舞艺人，皇帝往往也将艺人作为礼物赠送给大臣。玄宗时的宁王府就有很多一流歌女，其中有个叫宠姐的，外界传说长得非常美，歌声特动听。但宁王从来不让她出来给大家表演。有一次宁王府大宴，喝到半酣，李白借着醉意提要求："老听说王爷家有个叫宠姐的善歌，从来没见过。今天气氛这么好，还不让她给大家唱一曲？"宁王碍不

唐墓红衣舞女壁画

过情面，一笑："来人，让宠姐上来。"结果家人先是围上七宝花障，宠姐在花障后面高歌一曲，大家还是见不着人。

　　唐代科举考试之后，要由地方官员宴请应举之士，即"鹿鸣宴"，其中规定也要有乐舞相伴。《大唐开元礼》卷一二六记载："设工人席于堂廉西阶之东，北面东上。工四人，先二瑟，后二歌。工持瑟升自西阶，就位坐。工歌《鹿鸣》，卒歌。笙入，立于堂下，北面，奏《南陔》讫。乃间歌，歌《南有嘉鱼》，笙《崇丘》；乃合乐《周南》《关雎》《召南》《鹊巢》。"

唐代有两种酒筵歌舞，一种是艺术观赏性质的酒筵歌舞，有歌舞伎和观赏者这两种不同的身份。在这种歌舞中，节目是预定的，其内容主要是曲子歌唱和曲子舞蹈，另一种，是酒筵游戏性质的歌舞。在这种歌舞中，饮酒者同是表演者，节目是临时确定的，其歌词大都是即兴创作的作品。这个时代的诗人曾以"樽中酒色恒宜满，曲里歌声不厌新"及"齐歌送清扬，起舞乱参差"的诗句描写了当时酒筵重视歌舞艺术的风格。到中唐，酒筵歌舞遍布城乡，呈现出空前的盛况。所谓"处处闻弦管，无非送酒声"，所谓"歌酒家家花处处""纷纷醉舞踏衣裳"，是当时酣歌醉舞景象的写照，作为宴饮辅助内容的歌舞，变成了酒筵上的主要节目。

在唐代初、盛二期，常见的酒筵歌舞是自娱性的独歌独舞。李白为这种歌舞做过许多描写，例如《将进酒》有："岑夫子，丹丘生，将进酒，杯莫停。与君歌一曲，请君为我倾耳听。"《独酌》有："独酌劝孤影，闲歌面芳林。"这种歌舞即兴而发，不需遵循游戏规则，因而不属酒令歌舞；但这种歌舞有劝酒的功能，乃代表了送酒歌舞中比较朴素的一种形式。从李白"劝尔一杯酒，拂尔裘上霜。尔为我楚舞，吾为尔楚歌"中可看到，这种歌舞是明显模仿了古代的自娱歌舞的。

唐人举办宴会，席间总要邀请歌手歌唱，陪坐之人也可以登场献艺，一展歌喉。许多流行歌曲在酒席之间格外受人欢迎。宴席间的著名歌手有很多，有记载的有赵歌儿、刘安、米嘉荣、田顺郎、商玲珑。

赐宴与大酺

　　隋唐时，宫廷宴会名目繁多，凡朝廷遇祀典、大赦、征战、祥瑞、喜庆加冕、册封、庆功、祝捷、祝圣寿、纳妃、立太子、大节日等，都要大设筵宴，这属常规御宴。史籍中对于这些御宴多有记载，《册府元龟》《太平御览》等类书中都有"宴享"一目。

　　唐高祖武德九年（626），"三月丙申，宴朝集，使于百福殿，奏九部乐于庭。五月乙卯宴群臣。六月癸亥以秦王为太子，宴群臣，赐帛各有差"。"太宗亲侍舆辇，百僚陪从，太上皇甚悦，置酒高会，极欢而罢。""明日，复召贵臣十余人爰及妃主置酒于凌烟阁酒酺，太上皇亲弹琵琶，太宗起舞，公卿上寿，乙夜方散。"

　　皇帝命臣下共宴称为"赐宴"。"赐宴"语出自《北史·韦师传》："后从上幸醴泉宫，上召师与左仆射高颎、上柱国韩擒等于卧内赐宴，令各叙旧事，以为笑乐。"刘禹锡诗《游桃源一百韵》说："赐

🌸 唐墓壁画《宴饮图》

燕聆箫韶，侍祠阅琮璧。"

　　赐宴作为与王权政权相伴始终的一种政治活动，早在西周、春秋时期就与统治者的施政理念紧密联系在一起。到了唐代，皇帝经常举办大型赐宴活动，并制定和完善了宴饮礼仪和制度。这种宴会在当时具有最高的规格，通常都会载歌载舞，场面十分壮观。在这种皇家宴会上，出席者不但能够品尝御酒天膳，还能够欣赏皇家乐队的歌舞表演，尽情领略宫廷宴饮的热烈气氛。唐朝帝王也正是通过这种赐宴形式与臣下取得和谐沟通。通过赐宴，或推恩上下，擢拔人才，以控驭臣下，树立亲民、爱民的形象；或和睦九族，抚慰四夷，以宣示皇恩、亲睦外邦；或严明礼仪、宣扬国威，以强调尊卑等级、威名远播。唐玄宗在《春中兴庆宫酺宴》中写道：

敦煌莫高窟 154 窟北壁报恩经变乐舞壁画（中唐）

九达长安道，三阳别馆春。

还将听朝暇，回作豫游晨。

不战要荒服，无刑礼乐新。

合酺覃土宇，欢宴接群臣。

玉罍飞千日，琼筵荐八珍。

舞衣云曳影，歌扇月开轮。

伐鼓鱼龙杂，撞钟角牴陈。

曲终酣兴晚，须有醉归人。

他在这首诗的序中还写道：

夫抱器怀才，含仁蓄德，可以坐而论道者，我于是乎辟重门以
纳之，作捍四方，折冲万里，可运筹帷幄者。我于是乎悬重禄以待之，
是故外无金革之虞。朝有搢绅之盛，所以岩廊多暇，垂拱无为……
况乎天地交而万物通，阴阳和而四时序。所宝者粟，所贵者贤……
然心融万类，归雷雨之先春。庆洽百僚，象云天而高宴。

皇家宴会的礼仪要求严格，百官要依据官品和资历依次入座，
不能有丝毫的差错。据《旧唐书》记载，唐太宗夺取帝位后，曾在
庆善宫设宴款待功臣，臣僚们按功劳大小排设座次。当时，大将尉
迟敬德参与玄武门兵变，为李世民登基立下过功勋。但是入席之后，
尉迟敬德发现有人坐在比他更高的位置上，大为不满，说："你有
什么功劳，敢坐在我上面？"当时任城王李道宗坐在尉迟敬德的下
面，看到情况不妙，于是上前劝解，尉迟敬德勃然大怒，用拳头打
了李道宗的眼睛，险些打瞎李道宗，最后弄得不欢而散。幸亏唐太
宗胸襟博大，不想罪责功臣，才没有追究他的这种暴躁举动。

皇帝赐宴的名目很多，节日赐宴是常例，包括正月晦日、寒食、
上巳和重阳，正月晦日后来改为中和节。另外，从玄宗时起，皇帝
的诞辰日赐宴。李隆基生日为千秋节，正是八月五日。这种皇帝诞

辰的休假宴乐一直延续到明清时代。赐宴中最有政治性或功利性的
宴会是赐宴功臣，其目的无非是笼络大臣，密切君臣关系。

在各类赐宴类型中，以赐酺规模最为浩大。赐酺，也称之为"大
酺""酺宴"。所谓"酺，王德布，大饮酒也"。赐酺是指帝王遇
到国之喜事，例如新皇登基、军事告捷、大赦天下等事时，为表示
欢庆，特许民间举行大型宴会畅饮 3 天。秦汉时，朝廷有庆典之事，
特许臣民聚会欢饮，此谓"赐酺"。后世王朝遂为一种宴饮庆祝活
动。唐代前期赐酺制度达到了历史发展的最高峰。唐太宗时有 9 次
赐酺，唐高宗 13 次，武则天时期赐酺达 20 次，有时竟然一年三次，
唐玄宗在位期间赐酺竟有 15 次之多。之后的德宗赐宴次数也很多，
但他的赐宴主要是集中在节日赐宴。文宗则有 12 次赐宴。

每一次的赐酺，均是一场盛世场面。张说的《东都酺宴》便详
细描述了帝王赐酺的宏伟场景，"和宴千宫入，欢呼动洛城"，其
场面之大令人叹为观止。永昌元年（689），武则天选择正月庆祝
自己加尊号"圣母神皇"，"亲享明堂，大赦天下，改元，大酺日"。
诗人杜审言写了一首七言律诗《大酺》：

毗陵震泽九州通，士女欢娱万国同。

伐鼓撞钟惊海上，新妆袨服照江东。

梅花落处疑残雪，柳叶开时任好风。

火德云官逢道泰，天长地久属年丰。

这首诗写得别开生面，赞颂武则天的功德，突出表现民间的欢
娱，那热闹的场面如同庆丰收或过传统的盛大节日一样，传达了诗

人与民同乐的情绪。

张九龄在《奉和圣制南郊礼毕酺宴》诗中，描写了玄宗时期一次南郊之后的酺宴：

> 配天昭圣业，率土庆辉光。
>
> 春发三条路，酺开百戏场。
>
> 流恩均庶品，纵观聚康庄。
>
> 妙舞来平乐，新声出建章。
>
> 分曹日抱戴，赴节凤归昌。
>
> 幸奏承云乐，同晞湛露阳。
>
> 气和皆有感，泽厚自无疆。
>
> 饱德君臣醉，连歌奉柏梁。

皇帝赐宴群臣的习俗，到唐末五代又出现一种新的形式——"买宴"。皇帝赐宴，群臣献奉钱财布帛，谓之"买宴"，这成为臣下向皇帝贡献的一种形式。

《旧唐书·哀帝纪》载，天祐二年（905）"五月戊寅，宴群臣于崇勋殿，朱全忠与王镕、罗绍威买宴也"。《新五代史·唐明宗纪》载，后唐天成二年（927），"帝幸会节园，群臣买宴"。《资治通鉴》卷二九一记载，后周广顺二年（952），"前靖难节度使侯章献买宴绢千匹，银五百两。帝不受，曰：'诸侯入觐，天子宜有宴犒，岂待买邪！'"

宫廷的花式美食

　　宫廷饮食，极尽奢华，代表了饮食文化的最高水平。《礼记·内则》对周代宫廷饮食门类及品种记载："食用六谷，膳用六牲，饮用六清，羞用品百二十品。珍用八物，酱用百有二十瓮。"其中六谷是稻米、黄米、谷子、高粱、麦子、菱白，六牲是牛、羊、猪、狗、雁（鹅）、鱼，六清是水、浆、甜酒、水酒、梅浆、稀粥，所谓"八珍"，除了前两种是米食外，另外六种分别是：烧炖乳猪或羊羔、牛柳会扒山珍、香酒牛肉、烘肉脯、三鲜（牛羊猪肉）烩饭、烤网油狗肝。"八珍"都是周朝王室和贵族的常用菜肴。古时干肉叫脯，叫脩；肉酱叫醢。还有肉羹，就是肉汤汁。

　　战国时，越人宋玉作楚辞《招魂》，其中有一份菜单。转译成白话文，其中写道：

家里的餐厅舒适堂皇，饭菜多种多样：

大米、小米、二麦、黄粱，随便你选用；

酸、甜、苦、辣、浓香、鲜淡，尽会如意伺奉。

牛腿筋闪着黄油，软滑又芳香；

吴厨师的拿手酸辣羹，真叫人口水直流；

红烧甲鱼，挂炉羊羔，蘸上清甜的蔗糖；

炸烹天鹅，红焖野鸭，铁扒肥雁和大鹤，

配着解腻的酸浆；

卤汁油鸡，清炖大龟，你再饱也想多吃几口。

油炸蛋撒，蜜汁糍粑，豆馅煎饼，又黏又酥香。

蜜渍果浆，满盏闪翠，真够你陶醉。

冰镇糯米酒，透着橙黄，味醇又清凉。

为了解酒，还有玉浆般的酸梅羹。

归来吧，老家不会让你失望。

　　宋玉的这份菜单写于战国后期。汉代，随着社会生产力的发展和人民生活水平的提高，饮食在前代的基础上进一步丰富化和多元化，不仅宫廷饮食继续改善，而且平民饮食也日益丰富。食物种类比较丰富，食物结构发生了变化，主副食的搭配比较合理，出现了比较复杂的烹调技术和方法。汉朝礼制规定：天子"饮食之肴，必有八珍之味"。他们"甘肥饮美，殚天下之味"。

　　唐代宫廷膳食花色粉呈，美味翻新。当时在长安的宫廷里，集中了全国的一流厨师，手艺高超臻于化境；同时，国家富足，食材众多，又有周边大量异域外国进贡的巨量物资及食材，唐王朝的皇室贵族官僚们算是享尽了口福。

唐代御膳中的许多菜品取名特异，跟我们今天的叫法大不相同。赵宗儒供职于翰林院时，曾听内廷的中使提起天子尤嗜以玉尖面为早馔，且此物以消熊、栈肉为馅。赵宗儒便追问其形制，中使说道："盖人间出尖馒头也。"赵又问"消""栈"之意，对方答曰："熊之极肥者曰'消'，鹿以倍料精养者曰'栈'。"可见，此处的玉尖面是一种面食，大致相当于现在的肉包子。这种包子馅以熊背肥肉部分和鹿的瘦肉部分为主料，是宫廷早膳的一款美味，连天子都"甚嗜之"，想来必非凡品。

传说，贞观年间，唐太宗听说武则天有才貌，便将她纳入宫中。武氏入宫前，寡居的母亲杨氏悲啼不止。武氏劝慰道，进宫侍奉圣明君主，岂知非福？为何还要哭哭啼啼，作儿女之态呢？临行之际，杨氏为女儿亲手烹制玉尖面。相传，此后每逢武则天诞辰之日，她必定要食用玉尖面。武则天主政时期，李唐宗室几乎被杀戮殆尽，其幼弱幸存者亦流亡南国。据说，逃亡南方的大唐宗室后裔依旧保留食用玉尖面的旧俗。他们对武氏深恶痛诋，誓要食其肉，啮其骨。于是，牛肉削薄后扎针，过滚水，盖于面上后再食之。

羊臂臑是唐代宫廷一道名菜。史载唐天宝年间，太子李亨在宫中侍膳，所供菜肴中有羊臂臑。唐玄宗令李亨切割。李亨切毕后，遂用面饼擦尽刀上的油与碎肉，在玄宗面前很自然地将擦刀的面饼吃完。玄宗非常高兴地说："福当如此爱惜。"羊臂臑实际就是煮羊的前腿。羊的前腿肉虽然没有后腿肉肥美，但精肉和胶质多，吃起来更有嚼头儿。《资治通鉴》卷一内也有记载："罕儒锦袍裹甲，据胡床飨士，方割羊臂臑以食，闻彦进小却，即上马，麾兵径犯其锋。"

同昌公主是唐懿宗的女儿，号称"史上最豪奢的公主"。咸通九年，同昌公主下嫁进士韦保衡，礼仪之盛，空前绝后。懿宗赐钱500万贯，并罄皇宫内库的宝货相赠，以充实其宅，甚至将太宗庙内条支国所献的数斛金麦与银米赐予她。公主豪宅中的一切生活所用，皆饰以奇珍异宝，无不精巧华丽绝比。公主的嫁妆中，珍异之多，"不可具载""自两汉至皇唐公主出降之盛，未之有也"。

虽然韦府每餐玉馔俱列，懿宗还唯恐不合爱女之意，三天两头遣使往公主广化里的宅邸传送御馔汤物，往来的使者相继于道。懿宗御赐的品目，有记载的肴馔有：灵消炙、红虬脯；佳酿有：凝露浆、桂花醑；香茗则冠以绿华、紫英之称，无不精致考究。其中"灵消炙"的做法是以"一羊之肉，取之四两"，精心烤制而成，当时的4两约为现在的165.2克。此馔虽经暑毒而不见腐败，依然色正、味美如初。"红虬脯"之虬并非真虬，是它伫立于盘中如虬龙一般健硕强韧。"红丝高一尺，以箸抑之无数分，撤则复其故。"红虬脯高达三十多厘米，用筷子按压与寻常的肉脯并无差异，但筷子撤回之后即刻回弹，因而可能是动物蹄筋所制。此类饮馔为常人闻所未闻之物，想必是御宴中的极品。

唐代的御膳中有许多制成后可久放的熟肉菜品，在烹制时以糖及盐为主要调料，经过细致烧烤，去掉肉中的水分，能够久存，历盛夏而不腐。唐长安宫廷御膳中炙的品种极多，其中有些只闻其名，而不知其用的是何食材原料，最著名的叫"逍遥炙"，用九龙食盒盛装，是炙中的上品。

唐玄宗曾发明了一种菜品，取名"热洛河"。热洛河是用刚刚射到的幼鹿制成，取血，剖肠，以鹿血加热煎熬的鹿肠，味道极为

《唐后行从图》

鲜美，唐玄宗曾将自己发明的这道美食赐给宠臣安禄山和大将哥舒翰。

杜甫的《丽人行》描写了杨贵妃兄妹生活豪奢：

> 紫驼之峰出翠釜，水精之盘盛素鳞。
>
> 犀箸厌饫久未下，鸾刀缕切空纷纶。
>
> 黄门飞鞚不动尘，御厨络绎送八珍。

隋唐时的"八珍"，有"龙肝凤髓，鸡胯雉臛，鳖醢鹑羹，椹下肥肫，荷间细鲤，鹅子鸭卵，麟脯豹胎，熊腥纯白，蟹酱纯黄，鹿尾鹿舌，熊掌兔髀，雉膢豽唇"，可谓"穷陆海之珍馐，备川原之果菜"。

唐代宫廷的名菜还有"驼峰炙"，用骆驼峰烤制而成。段成式的《酉阳杂俎》记载，将军曲良翰擅长于炮烹驼峰炙。"光明虾炙"，用生虾制成；"白龙臛"用泥鳅鱼制成。"珍浑羊殁忽"是一种烤鹅的菜肴，做法是：取鹅一只，去毛、去内脏，鹅腹内填熟肉和糯米饭，用五味调和；再取羊一只，去毛及内脏，放鹅于羊腹中，将口缝好；然后，放在火上小心烧制。羊肉烧熟以后，取出羊肚内的鹅食之，味美无比。唐代皇帝经常将这一宫廷美味赐予随驾的翰林学士，这一美味才得以走出宫廷，扬名于各路食家。在唐诗中也有诗句描述炙鹅的菜肴。韩翃诗云："下箸已怜鹅炙美，开笼不奈鸭媒娇。"白居易诗云："粽香筒竹嫩，炙脆子鹅鲜。"

唐敬宗李湛在位时，长安宫廷御膳中制成了一种供暑天食用的清风饭。清风饭是用水晶饭、龙眼粉、龙脑末、牛酪浆调和而成，调好后放入金提缸中密封，垂下水池，待完全冷却，再取出供呈御用。实际上这是一种消暑凉粥，其所以味美，主要在于食材、料品的配制精奇。

除了热菜外，还有不少有名的凉菜，特别是花色冷盘。花色冷盘成为席上佳肴，始于隋唐时期。《卢氏杂说》载："唐御厨进食用九钉食，以牙盘九枚装食味于其间，置上前，亦谓之香食。"这种"九钉食"便是一种冷盘。"钉"又称"钉饾"，源于商周时期，是指堆叠在器皿中的蔬菜果品，后演变为花色冷盘。韩愈《赠刘师服》诗云："妻儿恐我生怅望，盘中不钉栗与梨。"《南山诗》也云："或如临食案，肴核纷钉饾。"后人说，钉饾是"五色小饼，作花卉禽珍宝形，按抑盛之，盒中累积"。可见"钉饾"类似花色冷盘。《烧尾宴食单》中有道名菜叫"五生盘"，是用羊、猪、牛、熊、鹿肉制作的冷盘。另一道名菜叫"八仙盘"，是用鹅肉制作的冷盘。

唐朝宫廷中的酒类品种繁多，而且爱用"春"字为酒命名。有名的酒有富水春、箬下春、石冻春、土窟春、松醪春、竹叶春、梨花春、罗浮春、翁头春、抛青春等。光禄寺下设酿酝署，专门负责造酒以供祭祀及宫廷饮宴之需。唐宪宗时，有个叫李化的酿酒师酿制了一种美酒，名叫换骨醪，气味芬芳，极为上乘。晋国公裴度平定淮西之乱，班师回朝，宪宗将此酒十金瓶赐予他，以彰其功。

宫廷的餐饮团队

宫廷饮膳凭仗御内最精巧珍异的上乘原料，利用当时最好的烹调条件，在好看、福口、怡神、示尊、健身、益寿原则引导下，创造了无可比拟的精美肴馔，充分展现了中国饮食文化的科技水准和文化色彩，体现了帝王饮食的富丽典雅而委婉凝重，华贵尊荣而精密真实，程仪庄严而声势恢宏。

宫廷的餐饮团队是一支很大的队伍。皇帝吃饭是一件大事，而且皇宫里吃饭的人，不只是皇帝一个人，还有各种后宫嫔妃等人员。此外，频繁的宫宴也需要很多人手操办。周代宫廷中膳夫是饮食机构的最高官吏。据《周礼》记载，周宫廷有 22 个机构专门负责王室的饮食事务，共用人 2332 人，其中官吏 208 人，杂役奴隶 2124 人。他们分工细密，井然有序。他们对宫廷食材的选择和制作无所不用其极，能熟练运用烘、煨、烤、焖、烩等数十种烹饪技法。

汉朝皇帝拥有当时全国最为完备的食物管理系统。负责皇帝日常事务的少府所属职官中，与饮食活动有关的有太官、汤官和导官，它们分别"主膳食""主饼饵"和"主择米"。这是一个人员庞大的官吏系统。太官令下设有七丞，包括负责各地进献食物的太官献丞、管理日常饮食的大官丞和大官中丞等。汉代为皇帝及其皇家饮食服务的官吏、奴婢、杂役等有 6000 多人。

掌管唐朝宫廷饮食的官职大致分别隶属于尚书省礼部之下的膳部司、殿中省之下的尚食局、内侍省尚食等相关部门。膳部，《唐六典》中记载："膳部郎中一人，从五品上；主事二人，从九品上。膳部郎中、员外郎掌邦之牲豆、酒膳，辨其品数。"《新唐书百官志》中记载："大斋日，尚食进蔬食，释所杀羊为长生供奉凡献食、进口味，不杀牲……四时遣食医、主食一人莅之。"膳部的官员主要有 3 个基本职责，其一掌管国家祭祀器物与祭品的提供，其二监督各项饮食禁忌的执行，其三掌管藏冰、酒膳等事。诗人杜牧在早期仕途中的最后一次升迁便是做从六品上的膳部员外郎。

尚食局是隋唐政府在光禄寺的基础上新置的一个御膳督办机构。尚食局有外朝殿中省尚食局、内宫尚食局之分，前者为皇帝提供膳食，后者为后宫提供膳食。后者的选官多为女性，设置的目的大概是为了方便为内宫女性提供服务。《旧唐书·职官三》中记载，内宫尚食局有"尚食二人，正五品。司膳四人……女史四人。尚食之职，掌供膳羞品齐之数，总司膳、司酝、司药、司馔四司之官属。凡进食，先尝之。司膳掌制烹煎和。司酝掌酒醴（酿酒）酏饮。司药掌方药。司馔掌给宫人廪饩（生活物资）饭食、薪炭"。尚食局设有司膳、司酝、司药、司馔，兼有食医数名。唐高宗时曾一度改尚食局为奉膳局，后又复旧。

光禄寺与尚食局之外，还有司农寺。司农寺掌管粮食积储、仓廪管理，及京城朝官之禄米供应等事务，其下属机构为上林署、钩盾署，以及导官署等。

厨师是宫廷御膳的实施者，大部分都具有很高的厨艺。唐代尚食局厨师的手艺偶尔外露，总会被惊讶不已的人们传为佳话。史料记载：中书省的冯给事曾经给尚食局主官尚食令帮过一点忙，尚食令提出要去给冯给事献点薄艺，冯家当然是大喜过望。这位尚食令是制饼的高手，他从容不迫地在冯家厨房操作，冯家人在帘后偷偷观赏，希望学得一些绝艺。只见尚食令极为利落地团面，旋即将一张薄饼放入三爪铛中，出铛后，抛在台盘上，饼仍旋转不已。冯给事一家小心品尝，味美脆爽，不可言状。而对尚食令而言，不过是因陋就简，略施小技罢了。

第二章

烧·尾·宴·与

曲·江·宴

风俗奢靡　宴处群饮

　　唐代宴会盛行，筵宴种类之多，内容之丰富，都是前无古人的。除了宫廷举办各种名目的宴会外，达官显贵、文人士子乃至普通百姓，都有各种形式的宴会。有记载说，自天宝以后，风俗奢靡，宴处群饮，公私相效，渐以成俗，官僚及文人学士们常不惜金钱大摆奢华宴会。

　　在长安有专门包办"礼席"的行业。《唐语林》卷六记载，唐德宗时，吴凑突然被皇帝召见，被任命为京兆尹。按照唐朝惯例，京兆尹拜官，都要设宴请客。吴凑事出突然，命人赶紧回家准备。待他回到府里时，宴席已经准备好了。他问为什么这么快，下人回答说："两市日有礼席，举铛釜而取之，故三五百人之馔，可立办也。"能够将三五百人的宴席立刻办成，说明这提供饭菜的店铺规模应该是很大的。

唐朝的中晚期，出现了"进士团"。这个"进士团"是以每年新科进士为服务对象并获取经济利益的民间营业性组织，由长安城内的游手之民自发组织而成。由于进士及第后一系列的礼仪与庆祝活动需要有专门的人员为其服务，开始人数很少，后来增加到百人以上，而且都有明确的分工。其首领叫何士参，组织能力强，尤其擅长置办酒筵，号称"长安三绝"之一。到唐宣宗大中年间，进士团的活动进入高潮时期，当年进士宴刚结束，就要为来年的活动做准备，由是"供帐宴馔，卑于辇毂"，其宴会类型、组织分工、收费标准都已达到完备程度。由于食材齐备，举办宴会的经验又丰富，生意相当红火。

唐代时的文人墨客和各级官僚大都热衷于举行宴会，出现了不少新颖别致的名宴。一种是依时令而设的名宴。"宜春宴"是唐德宗时根据李泌的建议举行的宴饮活动。《新唐书·李泌传》记载："泌以学士知院士，请废正月晦，以二月朔为中和节。民间里闾酿宜春酒，以祭勾芒神，祈丰年。帝悦。"唐德宗准奏，定二月一日为中和节，在全国执行。此后，每年二月一日，皇帝在京城为在京官员赐宴，各地官员为下属官员设宴，村社等地也要酿制宜春酒，聚会宴饮。唐德宗曾在曲江园林与众臣饮宴时赋诗：

东风变梅柳，万汇生春光。

中和纪月令，方与天地长。

耽乐岂予尚，懿兹时景良。

庶遂亭育恩，同致寰海康。

《云仙杂记·争春馆》载，唐代扬州太守圃中有杏花数十亩，每到春初，灿烂花开，就大设筵宴，歌舞饮馔，其名"争春宴"。"寒食内宴"，唐代张籍《寒食内宴二首（其一）》诗说：

朝光瑞气满宫楼，彩纛鱼龙四面稠。

廊下御厨分冷食，殿前香骑逐飞球。

千官尽醉犹教坐，百戏皆呈未放休。

共喜拜恩侵夜出，金吾不敢问行由。

所谓冷食，即已做成的熟食，如干粥、醴酪、冬凌粥、子推饼、馓子等。因在寒食节用，又称"寒具"。唐宫的寒食内宴，可谓最早的冷餐大会。每到暑伏时，唐长安富家巨豪各于林亭内植画柱，以锦绮结为凉棚，设坐具，召名妓，相互邀请，大摆筵宴，其宴为"避暑宴"。

另一种是因物而举的名宴。唐代文人中流行一种"樱桃宴"，即新科进士以樱桃宴请众人。新进士宴时值暮春，樱桃初熟，筵席间必备樱桃，专门来庆祝新进士及第。唐僖宗乾符年间，当朝宰相、淮南节度使刘邺为新科进士举行的一次宴会。刘邺的儿子新科进士刘覃，这一次争得了樱桃宴的主办权，兴奋不已。其时长安城及其周边的樱桃还未大量应市，处于未熟将熟之际，少数成熟的樱桃价格奇高，许多权贵们都还没有品尝过新鲜樱桃。刘邺亲自出面主持，置买樱桃，江南扬州大批的樱桃连夜送到曲江。樱桃红艳晶亮，配以糖和乳酪，色味俱佳，入席的新科进士和来贺的官贵们每人一盅，宴会大获成功。

"樱桃宴"多在四月初一举行，其时，御苑中樱桃最先成熟。王维《敕赐百官樱桃》：

> 芙蓉阙下会千官，紫禁朱樱出上阑。
>
> 才是寝园春荐后，非关御苑鸟衔残。
>
> 归鞍竞带青丝笼，中使频倾赤玉盘。
>
> 饱食不须愁内热，大官还有蔗浆寒。

崔兴宗有《和王维敕赐百官樱桃》诗：

> 未央朝谒正逶迤，天上樱桃锡此时。
>
> 朱实初传九华殿，繁花旧杂万年枝。
>
> 未胜晏子江南橘，莫比潘家大谷梨。
>
> 闻道令人好颜色，神农本草自应知。

《剧谈录》记载，朔方节度使李进贤曾在牡丹盛开的时候，以赏花为名大摆宴席。不但把家里布置得金碧辉煌，而且宴会所用的器具都是黄金做的。在宴席的前面还有一个用花丛堆起来的大舞台，歌女们都穿着锦罗绸缎载歌载舞。每位客人还都配有两个女仆人侍奉左右，有任何要求只需张口就行。所谓的"芳酒绮肴，穷极水陆，至于仆乘供给，靡不丰盈"，当时的官员就说："迩后历观豪贵之属，筵席臻此者甚稀。"

唐朝各级官员之间经常聚宴，并以此作为礼尚往来和交流感情的一种最佳形式。《旧唐书》记载，大历二年（767），节度使郭子仪、田神功等来京朝会，"鱼朝恩宴子仪、宰相、节度、度支使、京兆尹于私第""子仪亦置宴于其第""田神功宴于其第"。这些高官们的宴会都是一场连着一场，参加的公卿大臣也常常能达到数百人之多。这种一掷千金的宴聚规模在当时的上层社会中十分普遍。

此外，还流行各种名目的家宴，举设频繁。如与人生礼仪有关诞辰、满月、婚丧等，都要设宴。祝贺家人登第做官，以及宴请宾客等也属家宴。家宴而外，还有迎送宴。王维的一曲"劝君更尽一杯酒，西出阳关无故人"吟出了宴饮送别的千古绝唱。其他还可举出的，比如李白带有浪漫色彩的离别宴："风吹柳花满店香，吴姬压酒劝客尝。金陵子弟来相送，欲行不行各尽觞。"以及韩愈与友人在岳阳楼宴别时的悲伤："怜我窜逐归，相见得无恙。开筵交履舄，烂漫倒家酿。杯行无留停，高柱送清唱。中盘进橙栗，投掷倾脯酱。欢穷悲心生，婉娈不能忘。"

唐代的宴饮之风，在敦煌壁画中也有反映。敦煌壁画中有40余幅宴会图。敦煌壁画中的宴饮和饮食图，大致有3种：婚礼宴饮图、酒肆图、斋僧图，都是比较隆重的饮食场面。莫高窟第360窟中的宴会图，是在园子中的一棵树下野炊。敦煌文献多次记载宴饮在"南园""北园"中举办。"南园""北园"可能是早期的驿站，但这些驿站设立在有园子的地方。所以，在园子树下举办宴会也就顺理成章。敦煌壁画中大量出现"亭设"宴会，则说明当地也有不少这样的设施，流行在亭子间举办宴会。莫高窟第108窟亭子间宴饮图。建在园林中的亭子里，正在举办宴会。和维摩诘加在一起，共八人坐在几乎和食床一样宽大的坐床上饮酒。亭外树下，一个头戴软角幞头者左手高擎酒杯作舞蹈状，一个仆人在运送食物。莫高窟第98

窟的亭子宴饮图，建筑在园林中的亭子内，数人坐在坐床上，一边饮酒，一边朝外观看，亭子外的树下，一长髯老者左手持酒杯，做跳舞状。仆人正在运送食物。表现的是"入诸酒肆，能立其志"的内容。

敦煌壁画中有许多婚宴图，画面中，婚宴一般在帷帐中举行，参加婚礼的客人列坐在长桌两旁，桌上放置有馒头等食物，有客人手中持杯做喝酒状，外面一侧有侍女不断端食进来。第445窟的婚礼宴饮图，屋外庭院中用帷圈起一个小的空间，左侧设有帐篷，中间是一张食床，上面摆满了各种食物；一端有一八足小床，上面主要放置盛羹汤的器皿或酒尊。

那一场豪横的烧尾宴

敦煌莫高窟第 360 窟《宴乐图》（中唐）

在唐代名目繁多的各种宴会中，最著名的是"烧尾宴"，被称为中国古代五大名宴之一。烧尾宴是唐代长安曾经盛行过的一种特殊宴会，是指士人新官上任或官员升迁时招待前来恭贺的亲朋同僚朝官，或宴请皇帝以谢上恩的宴会。

从魏晋时代开始，每逢官吏升迁之时，都要举办高水平的喜庆家宴，接待前来庆贺的客人。唐代同样继承了这个传统，不仅要设宴款待前来祝贺的同僚，还要向天子献食。唐代对这种宴席还有个奇妙的称谓，叫作"烧尾宴"，或直简单称为"烧尾"。这比起前代的同类宴席更为华丽，也更为奢侈。《辨物小志》记载，唐自中宗朝，大臣初拜官，例献食于天子，名曰"烧尾"。

有关烧尾宴的得名，有很多说法。有人说，这是出自"鲤鱼跃龙门"的典故。传说黄河鲤鱼跳龙门，跳过去的鱼即有云雨随之，天火自后烧其尾，从而转化为龙。官吏功成名就，就如同鲤鱼烧尾，所以摆出烧尾宴来庆贺。

不过，据唐人封演所著《封氏闻见记》里专论"烧尾"一节看来还有其他的意义。封演说道："士子初登荣进及迁除，朋僚慰贺，必盛置酒馔音乐，以展欢宴，谓之'烧尾'。说者谓虎变为人，惟尾不化，须为焚除，乃得为成人。故以初蒙拜受，如虎得为人，本尾犹在，气体既合，方为焚之，故云'烧尾'。一云：新羊入群，乃为诸羊所触，不相亲附，火烧其尾则定。"可见，封演又记载了两种说法：一是说老虎变人，其尾犹在，烧点其尾，才能完成蜕变；二是说新羊入群，群羊欺生，只有将新羊的尾巴烧断，新羊才能安宁的生活。这样，烧尾就有了烧鱼尾、虎尾、羊尾三说。

唐代的烧尾宴奢侈至极，除了一般的喜庆家宴，还有专给皇帝献的烧尾食。在当时的官场已经形成了风气，唐代的士子登科或官位升迁都向皇上进献烧尾宴。在众多烧尾宴中，最为著名的一次摆于唐中宗景龙年间。关于这次烧尾宴，宋代陶谷所撰《清异录》中有详细的记载。书中说，唐中宗景龙年间（707—709），韦巨源官拜尚书令，照例要上烧尾食，在自己的家中设"烧尾宴"，宴请唐中宗。他上奉中宗的宴席清单完整地保存在传家的旧书中，这就是著名的《烧尾宴食单》。

唐代除了拜得高官者要给皇上烧尾，一些没有机会做官的皇室公主们，也仿效烧尾的模式，寻找机会给皇上献食，以求取恩宠。中书舍人窦华有次退朝返家时，正遇公主献食的队伍涌来，道路为之一塞，窦华只能在献食举盘的数百人队伍中穿行，颇为狼狈。唐玄宗讲求饮食，品评献食很为精心，专门任命宦官袁思艺为检校进食使。每次进食，都有"水陆珍馐素数千盘，一盘费中人十家之产"。

烧尾宴过于奢华，当时就有人提出反对意见。《新唐书·苏瑰传》记载："时大臣初拜官，献食天子，名曰烧尾。瑰独不进。"苏瑰被封为尚书右仆射兼中书门下三品，进封许国公后，却不向唐中宗进献烧尾宴。当时，百官嘲笑，甚至有人为他能否保住乌纱帽而担忧。苏瑰不但没有恐惧，反而直接向中宗进谏："现在米粮昂贵，百姓连饭都吃不饱，还办什么烧尾宴？"中宗听后只好作罢。

烧尾宴的风习是从唐中宗景龙时期开始的，唐玄宗开元年间停止，仅仅流行 20 年。

《清异录》中记载了韦巨源设烧尾宴时留下的一份不完全的清单，其中有 58 款馔馐留存于世，成为唐代负有盛名的"食单"之一。

这 58 种菜点有主食，有羹汤，有山珍海味，也有家畜飞禽。其中除"御黄王母饭""长生粥"外，共有20余种糕饼点心，用料考究、制作精细。例如：光是饼的名目，就有"单笼金乳酥""贵粉红""见风消""双拌方破饼""玉露团""八方寒食饼"等七八种之多；馄饨一项，有24种形式和馅料；粽子是内含香料、外淋蜜水，并用红色饰物包裹的；夹馅烤饼，样子作成曼陀罗蒴果；用糯米做成的"水晶龙凤糕"，里面嵌着枣子，要蒸到糕面开花，枣泻外露；另一种"金银夹花平截"是把蟹黄、蟹肉剔出来，夹在蒸卷里面，然后切成大小相等的小段。

筵席上有一种"看菜"，即工艺菜，主要用来装饰和观赏，这是古来就有的。这张食单中有一道"素蒸音声部"的看菜，用素菜和蒸面做成一群蓬莱仙子般的歌女舞女，共有70件，可以想见其华丽与壮观的情景。

食单中的菜肴有32种。从取材看，有北方的熊、鹿，南方的狸、虾、蟹、青蛙、鳖，还有鱼、鸡、鸭、鹅、鹌鹑、猪、牛、羊、兔等，山珍海味，水陆杂陈。

在烹调技术方面，更是新奇别致，难以想象。比如"炙"是一种烤制食品。食单中的"金铃炙"，要求在食料中加酥油，烤成金铃的形状；"红羊枝杖"，要求用4只羊蹄支撑羊的躯体，可能是"烤全羊"；"光明虾炙"，则是把活虾放在火上烤炙，而不减其光泽透明度；"水炼犊"，就是清炖整只小牛，要求"炙尽火力"，即火候到家，把肉炖烂；"葱醋鸡"，把鸡蒸熟后调以葱、醋，是一种别有风味的吃法；"雪婴儿"，把青蛙（俗称田鸡）剥皮去内脏后，粘裹精豆粉，煎贴而成，银色白如雪，形似婴儿。

羹汤最能体现调味技术。食单中的羹汤都是匠心独运的特色菜。

如："冷蟾儿羹"，即蛤蜊羹，但要冷却后凉食；"白龙"，是用鳜鱼肉做成汤羹；"清凉碎"，是用狸肉做成汤羹，冷却后切碎凉食，类似肉冻；"汤浴秀丸"，则是用肉末和鸡蛋做成肉丸子，如绣球状，很像"狮子头"，然后加汤煨成。

食单中还有一些加工食品，如："通花软牛肠"，是用羊骨髓加上其他辅料灌入牛肠，做成香肠一类的食品；"同心生结脯"，是将生肉加工成薄片（这是对厨师刀工的考验），打一个同心结，风干后，成为肉脯；"丁子香淋脍"，是用丁香油淋过的腌制鱼脍或肉脍。

58 种菜点，还不是"烧尾宴"的全部食单，只是其中的"奇异者"。由于年代久远，记载简略，很多名目无法详考。

曲江春意多

  唐代实行科举制度，大批中下层人士由科举考试进入仕途，为许多士子提供了升迁的机会。对于他们来说，科举考试是人生的大事。"金榜题名时"是所谓几大喜事之一。当时人把榜上题名，高中科举者美称为"登龙门"。唐人笔记小说《封氏闻见记》说，广大士人弟子无不"酷嗜进士名"，以为"俊秀皆举进士"，榜上题名"百千万里尽传名"，因而视为"登龙门"。科考举子利用及第后的各种聚宴活动来答谢座主和联络同年，围绕着这一主题，出现了大相识宴、次相识宴、小相识宴、闻喜宴、樱桃宴、月灯宴、打球宴、牡丹宴、看佛牙宴、关宴等名目。新科进士们十年寒窗初登蟾宫的欣喜，以及真正开始踏上仕途的抱负，都展现在这一场场别开生面的筵席之间了。

  大相识宴是以主考官为核心的庆贺宴会，一般在官场举办，与科举有关的部门都委派代表出席。次相识宴、小相识宴主要是主考官的亲戚、同僚或朋友参加的宴席。闻喜宴是放榜之后，朝廷特许的庆贺宴。月灯宴与打球宴大体相同，每逢新进士及第，进士们总要到月灯阁球场上去打一场马球，球赛完毕后，在月灯阁上举办宴会，有时老进士们也赶来庆祝。《唐摭言》就有相关记载："咸通十三年三月，新进士集于月灯阁为蹴鞠之会，击拂既罢，痛饮于佛阁之上，四面看棚栉比，悉皆褰去帷箔而纵观焉。"

看佛牙宴是一种以佛教法事为由的宴会。唐时佛教兴盛，京城内建有供奉有佛牙或者其他宝物的佛牙楼，僧人们在其间梵呗阵阵，作着法事，而进士们便聚宴观赏，这种宴会便也以此为名。进士过考多在春季，时值牡丹花开，樱桃果熟，进士们便相应举办所谓的樱桃宴和牡丹宴。

在进士们举办的诸多宴会中，最隆重、盛大的则首推为关宴，因为都是在曲江进行，又称为"曲江宴"。

曲江，又称曲江池，位于今西安市东南 6 公里的曲江村一带，是当时京城长安最著名的风景名胜区，因其水曲折得名。古有泉池，岸头曲折多姿，自然景色秀美，烟水明媚。隋时宇文恺设计大兴城时，人工挖凿湖泊建成皇家御园，名为"芙蓉园"。唐代在隋芙蓉园的基础上又大规模扩建，引水入池，广种莲，池周植奇花异树，池南建有紫云楼、彩霞亭，专供皇帝登临观景。曲江周围还建有许多私人楼台亭阁，使曲江池成为长安风光最美的游赏、饮宴胜地。唐代康骈《剧谈录》记载：

　　曲江池，本秦世隑洲，开元中疏凿，遂为胜境。其南有紫云楼、芙蓉苑，其南有杏园、慈恩寺。花卉环周，烟水明媚。
都人游玩，盛于中和、上巳之节。彩幄翠帱，匝于堤岸，鲜车
健马，比肩击毂。上巳节赐宴臣僚，京兆府大陈筵席，长安、
万年两县以雄盛相较，锦绣珍玩无所不施，百辟会于山亭，恩
赐太常及教坊声乐。

池中备彩舟数只，唯宰相、三使、北省官与翰林学士登焉。
每岁倾动皇州，以为盛观。入夏则菰蒲葱翠，柳阴四合，碧波
红蕖，湛然可爱。好事者赏芳辰，玩清景，联骑携觞，亹亹不绝。

进士及第后，皇帝例行要在曲江举行盛大的筵宴，以示鼓励。
此习俗一直延续到唐末，历 200 年之久。此宴在史籍和唐、五代诗
文中，因取义不同，异名甚多。例如：因宴会时间在关试之后，又
称"关宴"，关试是读书人需要参加的礼部考试，当通过考试之后，
读书人就成为进士，再由吏部安排去处。因筵席常设在曲江池西岸
的杏园内，又称"杏园宴"。曲江宴的参加者都是新科进士，金榜
题名是文人们感到最荣耀、最喜庆的事情，所以称曲江宴为"闻喜
宴"。宴会之后，进士们又要各奔前程，再无全员聚会的机会，所
以又称"离宴"。

曲江宴举行这一天，新科进士华服盛装，乘高车宝马，来到曲
江池的杏园。事前，要选出两名年轻且俊秀的进士，令其遍游长安
名园，采摘各种名花装点宴会，供众人欣赏，故"曲江宴"又称"采
花宴"。曲江宴上，新进士拜谢恩师、交结新友、饮美酒、品佳肴。
曲江宴极为奢靡，《唐摭言》卷三记载："曲江大会比为下第举人，
其筵席简率，器皿皆隔山抛之，属比之席地幕天，殆不相远……凡

今年才过关宴，士参已备来年游宴之费，由是四海之内，水陆之珍，靡不毕备。"白居易《上巳日恩赐曲江宴会即事》诗说：

> 赐欢仍许醉，此会兴如何。
> 翰苑主恩重，曲江春意多。
> 花低羞艳妓，莺散让清歌。
> 共道升平乐，元和胜永和。

宴饮主题是恭贺进士们及第，实际上参加宴会的不仅仅有及第进士们，还有他们的亲朋好友，以及那些要攀关系、招女婿的人。长安城中的大小商贩，酒家歌楼，也都在曲江边搭起帐篷做生意。曲江之宴，行市罗列，长安几于半空。曲江新进游宴，实际上是京城长安的一次规模盛大的游乐活动。整个曲江园林，人流如潮，乐声动地，觥筹交错，为乐未央，弥漫着狂欢、奢靡的气息。姚合曾在《杏园》中描绘参加这次宴饮的人极多，"江头数顷杏花开，车马争先尽此来"。

唐中后期诗人刘沧在唐宣宗大中八年（854）考中进士，作为参加宴饮的人员之一，他以一首《及第后宴曲江》向大家描绘了一幅"曲江宴饮图"：

> 及第新春选胜游，杏园初宴曲江头。
> 紫毫粉壁题仙籍，柳色箫声拂御楼。
> 霁景露光明远岸，晚空山翠坠芳洲。
> 归时不省花间醉，绮陌香车似水流。

诗人元稹曾登进士榜，他在《酬哥舒大少府寄同年科第》一诗中回忆了曲江宴的情景：

前年科第偏年少，未解知羞最爱狂。

九陌争驰好鞍马，八人同著彩衣裳。

宴饮尽欢，结束后还要泛舟，以赏山色湖光。张说《三月三日诏宴定昆池宫庄赋得筵字》诗说："舟将水动千寻日，幕共林横两岸烟。"最后，还要前往慈恩寺大雁塔题名留念。新科进士于慈恩寺大雁塔下，推选一善书法者题同年进士之姓名于塔壁或塔旁院墙之上。能在塔下显要位置列题姓名，被誉为第一流人物第一等风流事。白居易27岁一举及第，是同年进士中最年轻的，于是其自豪地赋诗曰："慈恩塔下题名处，十七人中最少年。"

曲江宴时，皇帝常令御厨特制宫中某种名食馈赠新科进士。例如唐昭宗光化二年（899），新科进士们宴于曲江。昭宗命御厨制"红绫饼餤"赐给十八位新进士。《全五代诗》引《纪事》曰："盖唐御食以红绫饼餤为上品也。"从此以后，红绫饼便成为皇帝御赐进士时宴会上首选的"绝顶美食"。皇帝用红绫饼赏赐新科进士和有功之臣，红绫饼也成为食物中的"吉祥物"，人们都以吃它为荣耀。

卢延让是一位著名的诗人。他布衣出身，才华横溢，可惜连续考了二十五次进士，全都落了榜。他最后认为，自己是因为没有名声和钱财打点考官，所以才落榜的。于是卢延让写下不少诗篇，渐渐出名，果然中了进士。昭宗赐红绫饼的十八位进士中就有卢延让。他后来初入四川时，为当地官员瞧不起。他为了表明自己的身份，特意写了一首诗，说："莫欺零落残牙齿，曾吃红绫饼餤来。"从此，卢延让被人刮目相看。

曲江宴亦称闻喜宴，最初的闻喜宴应是及第学子凑钱喝酒，所以宋人高承在《事物纪原》解释此词条时称为"醵钱于曲江"。虽然是学子自己凑份子聚会，朝廷也有所表示。到了五代后唐时，凑份子吃闻喜宴的现象才发生改变。后唐明宗天成二年（927），及第学子聚会不再"醵钱"，吃喝开始由官家埋单。据《旧五代史·唐书》载："新及第进士有闻喜宴，逐年赐钱四十万。"

曲江宴是唐代长安的盛事。其起源于中宗神龙年间，并一直延续到僖宗乾符年间才结束，共170多年，久盛不衰，一直流传到后代。据清编《全唐诗》统计，唐代专题吟咏或涉及曲江的诗有近300首之多，而描写曲江一带景色如杏园、慈恩寺、乐游原等的诗篇，更是举不胜举，形成了曲江诗，展示了流光溢彩的大唐文明和风云变幻世事盛衰。如王涯的"万树江边杏，新开一夜风。满园深浅色，照在绿波中"、殷尧藩的"鞍马皆争丽，笙歌尽斗奢"等词句，从各个方面描绘了一幅幅曲江游宴图。

四

"呦呦鹿鸣"乡饮酒

曲江宴，是文人士子们考取了进士、获得做官的资格之后举行的庆祝宴会。在此之前，他们还曾经历过一系列的考试，州县考试及格后才能被推举进京去考进士。在乡试之后，地方官祝贺考中者都要举行"乡饮酒"宴会，称"鹿鸣宴"。

"鹿鸣宴"之名的由来，是在饮宴之中先奏响《鹿鸣》之曲，随后朗读《鹿鸣》之歌。《鹿鸣》原出自《诗经·小雅》中的一首乐歌，一共有三章，三章头一句分别是"呦呦鹿鸣，食野之苹""呦呦鹿鸣，食野之蒿""呦呦鹿鸣，食野之芩"。其意为鹿发现了美食不忘伙伴，发出"呦呦"叫声，招呼同类一块进食。人们认为此举为美德，于是上行下效，天子宴群臣，地方官宴请同僚及当地举人和地方豪绅，展示自己礼贤下士。人们还认为，乐歌"用之于宾宴则君臣和"，有了美食而不忘其同伙，表示这是君子之风。"呦呦鹿鸣"

🌸 《古今谈丛二百图》之《鹿鸣盛宴》

乃成者之聚,一呼百应,共饮美酒,成己又成人,乃成者之风。《述异记》说:"鹿千年化为苍,又五百年化为白,又五百年化为玄。"鹿被称为仙兽,在儒家文化中,更是帝王仁德的象征。据说春秋时,孙穆子被聘到晋国为相,晋悼公办饮宴款待嘉宾,席间即诵《鹿鸣》三章。

鹿鸣宴源于周代兴贤能的乡饮酒礼。《仪礼·乡饮酒礼》贾公彦疏引郑玄《三礼目录》说:"诸侯之乡大夫,三年大比,献贤者能者于其君,以礼宾之,与之饮酒。"则此礼一开始就与地方向国君献贤能有关,故唐以后被引进为科举礼仪。

《新唐书·选举志（上）》记载："每岁仲冬，州、县、馆、监举其成者送之尚书省；而举选取不繇馆、学者，谓之'乡贡'，皆怀牒自列于州、县。试已，长吏以乡饮酒礼，会属僚，设宾主，陈俎豆，备管弦，牲用少牢，歌《鹿鸣》之诗，因与耆艾叙长少焉。"

鹿鸣宴于乡试放榜次日举行。《送杨少尹序》说："杨君始冠，举于其乡，歌鹿鸣而来也。"在宴会中，增添《诗经》之《鹿鸣》《四牡》《皇皇者华》与《节南山》等乐章，吹笙鼓簧，宴乐熙和，具备了序长幼、别尊卑、敦风励俗、教化天下等多种功能。

鹿鸣宴这个古代的嘉礼，被称为"科举四宴"之首，在唐至清代的科举和教育文化体系中延续了一千多年。

科举制度分设文武两科，故宴请中，鹿鸣宴、琼林宴为文科宴，鹰扬宴、会武宴为武科宴。

"鹰扬宴"是武科考乡试发榜后而设的宴会。所谓"鹰扬"，乃是威武如鹰之飞扬之意，取自《诗经》"维师尚父，时维鹰扬"之句。鹰扬既是对新科武举人的勉励，又是考官们的自诩。

"会武宴"是武科考殿试发榜后举行的宴会。自隋朝开始，武科殿试发榜后都要在兵部为武科新进士举行宴会，以示庆贺，名曰"会武宴"。武科殿试不同于武科乡试，故会武宴的规模比鹰扬宴要气派得多，排场浩大，群英聚会，盛况空前。

文酒之宴

　　唐代文人学士举行的宴会，统称为"文酒之宴"或"文会"，尤以长安最为流行。一般多在夜间举行，内容以饮宴作文为主。《开元天宝遗事》说，唐玄宗时，苏迁与李乂对掌文浩，八月十五日夜在禁中直宿，一些学士借机相聚一起，"备文酒之宴"。当时长天无云，月色如画，苏迁说："清光可爱，何用灯烛？"遂命人把灯烛撤去。

　　开成二年（837）三月三日上巳节，河南府尹李待价，在洛滨举行修禊之宴。白居易、萧籍、李仍叔、刘禹锡、郑居中、裴恽、李道枢、崔晋、张可续、卢言、苗愔、裴俦、裴洽、杨鲁士和裴度等15人参加了宴会。宴会设在船上，故名"船宴"。大家从斗亭登上彩舟，一边观赏洛水两岸的秀丽景色，一边聚宴畅饮，吟诗赏乐。宴席上"簪组交映，歌笑间发。前水嬉而后妓乐，左笔砚而右壶觞，

南宋·刘松年《十八学士图》（局部）

望之若仙，观者如堵，尽风光之赏，极游泛之娱。美景良辰，赏心乐事，尽得于今日矣"。从早晨到傍晚，直到津桥才上岸。

这是一次风雅高韵的文会，与会者均是当时的文人名士，席间少不了吟诗作赋。裴度在诗中将他们的聚会比作"成周文酒会"，在联句诗的序言中写道："度自到洛中，与乐天为文酒之会，时时构咏，乐不可支。则慨然共忆梦得，而梦得亦分司至止，欢惬可知，因为联句"，抒发了同聚东都、联句赋诗的"欢惬"之情。白居易也有诗描述了宴席上饮宴吟诗的盛况：

妓接谢公宴，诗陪荀令题。

舟同李膺泛，醴为穆生携。

刘禹锡还写了一首《三月三日与乐天及河南李尹奉陪裴令公泛洛禊》：

洛下今修禊，群贤胜会稽。

盛筵陪玉铉，通籍尽金闺。

波上神仙妓，岸傍桃李蹊。

水嬉如鹭振，歌响杂莺啼。

历览风光好，沿洄意思迷。

棹歌能俪曲，墨客竞分题。

翠幄连云起，香车向道齐。

人夸绫步障，马惜锦障泥。

尘暗宫墙外，霞明苑树西。

舟形随鹢转，桥影与虹低。

川色晴犹远，乌声暮欲栖。

唯余踏青伴，待月魏王堤。

白居易晚年的香山九老会也是唐代有名的文人雅集。白居易晚年冷淡仕途，"停宫致仕"后更加忘情于山水之间，赏玩泉石风月。因为贪恋香山寺的清幽，常住寺内，坐禅听经，自号"香山居士"，并把这里作为自己最终的归宿。香山与举世闻名的龙门石窟伊水相望。他与胡杲、吉旼、刘贞、郑据、卢贞、张浑及李元爽、禅僧如满八位耆老集结"九老会"。集结香山九老会那年，白居易已是74岁高龄。这些志趣相投的9位老人退身隐居，远离世俗，忘情山水，耽于清淡。白居易为了纪念这样的集会，曾请画师将九老及当时的活动描绘下来，这就是《香山九老图》。《香山九老图》绘唐武宗会昌五年（845）三月二十四日，九老在白居易之居处欢聚，既醉且欢之际赋诗画画的情景。

中国文人自古就有雅集的传统，文会之宴是中国古代文人进行文学创作和相互交流的重要形式之一。形式自由活泼，内容丰富多彩，追求雅致的环境和情趣，是古代文人借饮酒吟诗、作文、会友的一种方式。"文会"一词最早出现在《论语·颜渊》"君子以文会友"中。历史上，许多著名的文学和艺术作品都是在文酒会上创作出来的。一般文人所向往的"雅集"是"四美具、二难并"。所谓"四美"指良辰、美景、赏心、乐事，"二难"指贤主、嘉宾。具备了这6个条件才能成为一个圆满的雅集。李商隐诗说："纵使有花兼有月，可堪无酒又无人。"这是说宴会缺少了两个主项（酒与人）则不成

明·《香山九老图》

宴会了。

　　参加这种文酒之宴是非常愉快的事情。韩愈在《醉赠张秘书》诗中淋漓尽致地抒发了他参加宴会的喜悦：

> 人皆劝我酒，我若耳不闻。
> 今日到君家，呼酒持劝君。
> 为此座上客，及余各能文。
> 君诗多态度，蔼蔼春空云。
> 东野动惊俗，天葩吐奇芬。
> 张籍学古淡，轩鹤避鸡群。
> 阿买不识字，颇知书八分。
> 诗成使之写，亦足张吾军。
> 所以欲得酒，为文俟其醺。
> 酒味既泠冽，酒气又氛氲。
> 性情渐浩浩，谐笑方云云。
> 此诚得酒意，馀外徒缤纷。

　　同时，在此诗中他还嘲笑那些不懂诗文的富贵子弟的宴会："长安众富儿，盘馔罗膻荤。不解文字饮，惟能醉红裙。"

探春宴与裙幄宴

唐人喜欢出外游玩赏景，游乐之际，还要在野外喝酒聚餐，俗称游宴。游宴，是把游赏与宴饮结合起来的一种娱乐方式，人们既可以在自然环境中体验风物胜景，又能够在美酒佳肴中寻求口味上的享受，因此，游宴得到了社会各界的推崇和重视，并形成一代风俗。《唐国史补》说："长安风俗，自贞元侈于游宴。"

这种宴会种类最多。各种节日宴会如寒食、上巳节、端午、七夕、重阳的宴会均属此类。尤其有特色的是春时的各种游宴。这种宴会多于春暖花开季节在花园或郊外举行，设宴者多为官宦或富豪人家。

唐人游宴，一般都选择名胜之地，也就是风景旖旎的旅游区。陈子昂《晦日宴高氏林亭》诗序："夫天下良辰美景，园林池观，古来游宴欢娱众矣。"长安城中的公共园林里最著名的是乐游苑与曲江池。乐游苑是长安城东升士坊与新昌坊一带隆起的高地，地面平坦，早在西汉时期便是长安城郊的游览胜地。汉代修建"乐游苑"，作为皇家园林。隋代长安大兴城将乐游苑围入城廓之中，因为地势高，成为城区内游览的去处。武则天的女儿太平公主建造亭阁，使乐游苑的游赏内容大大增加。唐玄宗时这里先后赐给宁王、申王、岐王、薛王作住所，风景大为改观，逐渐成为长安居民登高游赏的集中地。白居易《登乐游园望》诗说：

> 独士乐游园，四望天日曛。
>
> 东北何霭霭，宫阙入烟云。
>
> 爱此高处立，忽如遗垢氛。
>
> 耳目暂清旷，怀抱郁不伸。
>
> 下视十二街，绿树间红尘。
>
> 车马徒满眼，不见心所亲。
>
> 孔生死洛阳，元九谪荆门。
>
> 可怜南北路，高盖者何人？

曲江也是经常举行游宴的地方。皇帝每年中和节（二月一日）、上巳（三月三日）和重九（九月九日）节赐群臣宴，基本形成了每年三节赐钱放假游宴的制度。上自皇亲国戚、文武大臣，下至长安、万年两县官员，都可以随带妻、妾参加，人数之众以万计。皇帝的筵席设在紫云楼上，可一面饮宴，一面观赏曲江全景，其他官员的筵席分别设于楼台亭榭或临时搭盖的锦帐内。从皇家的紫云楼到池中彩舟画舫、绿树掩映的楼台亭阁沿岸花间草地，处处是宴会，处处是乐舞。皇帝的酒肴由御厨承办，其他臣僚的筵席分别由诸司和京兆府等置办。

尤其是上巳节曲江大宴之日，作为惯例，连绵不下百年，特别是开元、天宝年间，每年都要举行。

唐代私家园林的大肆兴起，也为人们的游宴聚会提供了很好的场所。这些园林一般都建在风景优美的郊外，依山傍水。在此宴聚，情调爽雅，兴味盎然，自然别具一格，故而受到了当时人们的追捧。有些私家园林的形制与规模确实不一般。韩愈为官时曾居住在靖安坊，写下了如下的"庭内无所有，高树八九株。有藤娄络之，春华夏阴敷。东堂坐见山，云风相吹嘘。松果连南亭，外有瓜芋区"，以及"庭楸止五株，共生十步间。各有藤绕之，上各相钩联"等诗句。

"探春宴"与"裙幄宴"是唐代开元至天宝年间仕女们经常举办的两种野外设宴聚餐活动。一般选择在野外风景秀丽的地方，人们既可欣赏自然美景，满足审美需求，又可品尝美味佳肴，满足食欲。

探春宴的参加者多是官宦及富豪之家的年轻妇女。据《开元天宝遗事》记载，长安的官绅士女，每逢正月"各乘车跨马，供帐于园圃，或郊野中"，郊游赏春，名为"探春宴"。该宴在每年正月十五后的"立春"与"雨水"二节气之间举行。此时万物复苏，达官贵人家的女子们相约做伴，由家人用马车载帐幕、餐具、酒器及食品等，到郊外游宴。首先踏青散步游玩，呼吸清新的空气，沐浴和煦的春风，观赏秀丽的山水；然后选择合适的地点，搭起帐幕，摆设酒肴，一面行令品春。一面围绕"春"字进行猜谜、讲故事，作诗联句等娱乐活动，至日暮方归。在唐代，"春"含有二重意义：一是指一般意义的春季；二是指酒。故称饮酒为"饮春"，称品尝美酒为"品春"。

春和景明时，长安仕女们盛装出行，呼朋唤伴地来到曲江，踏青游春，轻盈漫游，仿佛正沐浴在长安郊野明媚的春光中。女子们

宋徽宗摹《虢国夫人游春图》（局部），辽宁博物馆藏

到此游宴先是"斗花"，然后设"裙幄宴"。

所谓"斗花"，就是青年女子们在游园时，比赛谁佩戴的鲜花名贵、美丽。长安富家女子为了在斗花中显胜，不惜重金争购各种名贵花卉。当时名花十分昂贵，非一般民众所能买得起，游园时，女子们"争攀柳丝千千手，间插红花万万头"，成群结队地穿梭于曲江园林间，争奇斗艳。当时场景可谓人流潮涌，乐声荡漾，盛况空前。

她们选择风景如画的曲江边，以草地为席，四周插上竹竿，用七彩裙布搭起帷幔，女子们在里面设宴聚餐，斗酒行令，开怀畅饮，悠哉乐哉，看馔味美形佳，人人兴致盎然，这便成了临时饮宴的幕帐，称之为"裙幄宴"。

探春宴与裙幄宴参加者均为女性，雅致有趣，这一点有别于其他饮宴；饮宴地点设于野外，可使平时蛰居闺门的女子们一消往日的郁闷心情；女性聚集饮酒，反映了当时社会伦理对妇女们的一种宽容态度。为使游宴兴味更浓，妇女们非常考究菜肴的色、香、味、形，并追求在餐具、酒器及食盒上有所创新。

朝堂官府的工作餐

　　按照唐朝朝廷的有关规定，州郡一级的行政机构可以定期举行官方宴会。长官和下属会共聚一堂，而费用是由公费支出的，这种宴席称为官宴或称公宴。《瀛州使府公宴记》曾这样记述，公宴主办者东武公"启大幕，洁崇堂""主愉愉，宾肃肃"，似乎这种公宴带有很浓重的礼仪规范。《华州新葺设厅记》所记述的公宴，则"酒行乐作，妇女列坐，优者与诙谐摇笑，讥左右侍立，或衔哂坏容"，又完全陷入戏谑的氛围之中。

　　当时朝廷规定，各级官府每旬休息一日，这一天往往是举办公宴的日子。公宴之际，不但大小官员均可入席，还可以外邀嘉宾及招引歌姬，并且在宴会过程中表演歌舞节目。

　　唐代朝堂官府还有"会食"制度。"会食"是指官员们在一起共进"工作餐"，同时商议政事。

　　官员会食缘起于唐太宗时期。唐太宗勤于治国，百官日出视事、日中退朝，十分辛苦。唐太宗赐食予过午晏归的朝官，朝官食之廊庑之下，称之为"廊下餐"。中唐时人崔元翰在《判曹食堂壁记》记载此事说："古之上贤，必有禄秩之给，有烹饪之养，所以优之也。汉时尚书诸曹郎，太官供膳。春秋时齐大夫公膳，日双鸡。然则天子诸侯于其公卿大夫，盖皆日有饔饩。有唐太宗文皇帝克定天下，方勤于治，命庶官日出而视事，日中而退朝。既而晏归，则宜朝食，于是朝者食之廊庑下。"

唐朝时上朝的时间是现在的 7 点左右，离得皇宫远的，就要提早出门，大部分官员没有时间吃早餐而直接上朝。《旧唐书》记载："凡内外百僚，日出而视事，既午而退，有事则直官省之。"由于众官员要饥肠辘辘一直工作到中午，唐太宗在贞观四年（631）颁布诏令："所司于外廊置食一顿。"《文献通考》记载："廊下食起唐贞观，其后常参官每日朝退赐食，谓之廊餐。"唐代诗人钱俶有诗云："廊庑周遭翠幕遮，禁林深处绝喧哗。""廊庑"就是廊下餐的用餐地点。

在廊下餐就餐的人很多。其准备规模是"主膳十五人，供膳二千四百人"。廊下餐的饭菜标准并不低，唐睿宗时曾下诏规定廊下餐的标准：五品以上官员标准是 100 盘，3 头羊。每逢节假日的时候，还会多加一头。按照季节的划分，菜品也会不一样。比如《唐会要》记载："冬月量造汤饼及黍臛，夏月冷淘粉粥，枣、栗、荔枝、桃、梨、榴、柑、柿等。"廊下餐量也很大。廊下餐结束时，总会剩下很多的饭菜。《因话录》中记载了一个叫庾倬的官员，常常将剩饭剩菜打包带回家给自己守寡的姐姐。

朝臣们对廊下餐都很重视。因为能够参加廊下餐也是身份的象征。官员的品级不同，所享受的工作餐待遇也会不同。但在安史之乱以后，廊下餐饭菜的质量大为下降，故时有发生许多官员"未就食之前，时有称疾，便请先出"，即还没开始吃就想着办法跑去开小灶。

在贞观年间开设廊下餐后，京城百司、地方官府因地制宜，取盈余之资为本钱，设立公厨，建食堂，以供官员会食，官员会食趋于制度化。当时上至朝廷中央各部门，下及地方州郡诸曹属，甚至县的衙属，大都设有公厨会食。

最有影响的"会食"是宰相会食，这是各种会食等级最高的。

唐初，中书、门下、尚书三省长官皆为宰相。为方便宰相议事，在门下省设立政事堂。唐高宗永淳二年（683）七月，中书令裴炎奏请将政事堂移于中书省。唐玄宗开元二十一年（733），中书令张说改政事堂为中书门下，其政事印改为中书门下印。虽然政事堂改名为中书门下，但是政事堂的名称仍然通用。文献记载宰相会食于政事堂或中书，中书即指中书门下。

宰相的"工作餐"称为堂食，厨房则称堂厨。堂食的规格高于普通公厨的饭食。唐高宗龙朔二年（662），诸宰相"以政事堂供馔珍美，议减其料"，后东台侍郎张文瓘上书反对削减宰相公膳。宰相享有高规格的堂食，是对宰相的礼遇。

宰相会食，需全部到齐方得开始，不得无故缺席会食。《东观奏记》卷上记载："宰臣将会食，周墀驻（白）敏中厅门以俟同食。敏中传语墀：'正为一书生恼乱，但乞先之。'"可见宰相们有互相等待以同食的惯例。唐德宗擢用卢杞为相，与杨炎同事秉政，卢杞既无文学之才，外加仪貌丑陋，杨炎十分厌恶他，便假托生病，多不与卢会食。宰相会食，百官不得谒见。一日，翰林学士王叔文至中书见宰相韦执谊，服务的直吏说："方宰相会食，百官无见者。"王叔文斥退直吏，与韦执谊同食于中书，视其他几位宰相为无物，郑珣瑜不忍此辱，便独自离去，算是对王叔文破坏宰相会食的抗议。

官署设公厨、建食堂，供群官会食，其首要目的自然是为了满足官员的饮食需求，给官员以烹饪之养。同时，在一定程度上可以增强同事之间、上下级之间的团结协力。柳宗元在《鼗屋县新食堂记》中提到"筵席肃庄，笾豆静嘉，燔炮烹饪，益以酒醴"，可以获"僚友之乐"。另外，也为群官评议公事提供了机会。借会食的机会，官员商议政事成为惯例。柳宗元写道："礼仪笑语，讲议往复，始会政事之要。"亦即"由饮食以观礼，由礼以观祸福，由议事以观政，由政以观黜陟，则书其善恶而记其事，宜在此堂"。

咸通十三年（872）蔡词立任虔州（今江西赣州）孔目官（掌文书簿记），他曾为孔目院的食堂作记，对会食议政记载说："京百司至于天下郡府，有曹署者，则有公厨。亦非惟食为谋，所以因食而集，评议公事者也。冀乎小庇生灵，以酬寸禄，岂可食饱而退，群居偶语而已。"这些来吃饭的人，是为了聚在一起评议公事。所以在唐人眼中，构建食堂，是有关政教的大事。崔元翰《判曹食堂壁记》说："凡联事者，因于会食，遂以议政，比其异同，齐其疾徐，会斯有堂矣。则堂之作，不专在饮食，亦有政教之大端焉。"

会食制度也是对官员的一种福利。唐朝设有"公廨钱"，本意是补充办公经费，但基本用于官员补贴和吃喝。

唐朝军队也时常举办宴会，各级将士会同聚一堂，不分上下，唯是开怀畅饮，这种军宴也是凝聚力量、团结军心的一种行之有效的方式。早在战国时期，吴起就认为，为了鼓励将士，应当为建立军功的人们举行盛大的宴会。这样的场合也会激励那些还没有建立军功的人。唐代长安禁军例有赐宴和各种名目的犒赏宴。如尉迟偓《中朝故事》记载每年樱桃成熟时，两军要择吉日安排宴会。在边塞当守军的日子是很艰辛的，那时的娱乐活动也少，所以，每逢不打仗、不训练的空闲时间，军士们就置酒高会，并以此来鼓舞军人激发士气。除了边疆的军人宴饮，内地军城戍守者，也少不了聚宴会饮，赏歌娱舞，如岑参《过梁州奉赠张尚书大夫公》有云："层城重鼓角，甲士如熊罴。……置酒宴高馆，娇歌杂青丝。锦席绣拂庐，玉盘金屈卮。"

第三章

米·面·饼·与·饭·与·米·饭

花样繁多的"饼"

中国人的食物结构在两三千年前就基本固定下来了。人们把赖以充饥、食用频率高、食用比重大，并能为人体提供大部分养料的粥饭视为主食。这就是《黄帝内经》中说的"五谷为养"，其他的则是"五果为助，五畜为益，五菜为充"。墨子也说："凡五谷者，民之所仰也，君之所以为养也。"

唐代食品的品种十分丰富。在敦煌文献中的食物名称，就有 60 多种，计有胡饼（大胡饼、小胡饼、油胡饼）、饦饼、馎饼、炉饼、水饼、白饼、薄饼、蒸饼、烧饼、饼、乳饼、菜饼、煎饼、渣饼、饼（脂）、笼饼、梧桐饼、环饼、索饼、汤饼、饼饐、饼餤、龙虎蛇饼、饸饼（或写作"夹饼""饼"）、菜饼、饼（或写作"沙饼"）、菜模子、小食子、头、饆饠、馎饦、馄饨、馅任、馓枝（馓子）、冷淘、饾饤、小饭、饭、馃食、黍臛、糕糜（糕）、糕、羹、粽子、须面、馒头、臛、粥、酹粥、面粥、豆粥、水面、煮菜面、细供、灌肠面、油面、炒面、麨、麦饭、糌粑、蒸胡食等。《俗务要名林》等蒙学文书中也记载了不少食物名称，如粗粄、脂、馇、膏糗等。

这些食物，有些是流行在中原的食物名称，有些来自遥远的西部或其他民族，其中明确为"胡食"或具有"胡风"特点的食物有20余种。

讲到面食，我们习惯的吃法，一个是蒸，蒸馒头、蒸豆包、蒸花卷、蒸包子等；再一个是煮，煮面条、煮饺子、煮馄饨、煮面片、煮疙瘩汤等。还有一个做法是饼，烙饼和烤饼。

唐朝人的主食结构，主要是面饼和米饭。这二者中，饼又占据主要地位。唐代赵璘在笔记小说《因话录》里就提到"世重饼啖"。

"饼"的概念，古今多有不同。司马光《书仪》记载，祭祀时面食有薄饼、油饼、蒸饼、胡饼、环饼等。"饼"在汉唐时大致分为四大类，即蒸饼、汤饼、油饼和炉饼。蒸饼是用面粉发酵蒸熟食用的，主要包括一般的蒸馍、开花馍、馒头（包子）类食品。汤饼是用汤煮熟的面食，主要包括汤面皮、汤面条及包馅的馄饨类食品。油饼是用油煎炸而成的面饼，主要包括细环饼、金饼、截饼、鸡鸭子饼。炉饼是用烤炉烤炙而成的食品，主要包括烧饼和胡饼。后两种都是传入的西域胡食。

蒸饼是将面糊发酵后再蒸熟的面食，如馒头、包子等。唐朝人食用的蒸饼种类很多，它既可单纯用麦面制作，也可掺进各种配料。段成式在《酉阳杂俎》中说："蒸饼法，用大例面一升，练猪膏三合。"指的就是在白面中掺进猪油制作的蒸饼。各种蒸饼不但是百姓餐桌上常备的食物，也能登上皇家的大雅之堂。白居易在《社日谢赐酒饼状》一文中，曾提到"今日蒙恩，赐臣等酒及蒸饼、环饼等"，这说明皇帝赐给大臣的食品就有蒸饼。有一则故事说，唐敬宗宝历二年（826），明经范章在山中读书遇怪，见厨房"地上危累蒸饼五枚"，这说明蒸饼的形状平圆，不易叠摞的特点。

蒸饼在唐代是一种大众食品，出售蒸饼有固定的食店，也有流动的货车。长安城里的饼肆已经非常普遍。《唐会要》称"贞元以后，京都多中官市物于廛肆。谓之官市……中人之出，虽沽浆卖饼之家，无不彻业塞门"。不仅两市有饼肆，居民住宅区的里坊中也有饼肆。唐太宗时宰相马周的夫人原来就是一个开饼店的。有记载说，马周早年因为家里穷，自尊心又太强，常常不拘小节，被邻居们看不起。后来到了京城，得到一位开饼店的妇人的帮助。这位妇人将他带到了中郎将常何的家中，从此马周成了常何的幕僚。常何欣赏马周的才华，将他推荐给唐太宗，受到太宗的重用。马周飞黄腾达后，没有忘记那位卖饼的妇人，找到了她，娶她做了自己的妻子。几年后，马周拜相，那妇人也被封为诰命夫人。明代冯梦龙的《喻世明言》，其中有一篇《穷马周遭际卖馎妪》，讲的就是这段故事。

高宗时，长安巨富邹骆驼在暴富前，就是以推小车出售蒸饼为生。这位邹骆驼名叫邹凤炽，家住长安怀德坊南门东侧（此处毗邻西市），生来残疾，两肩高耸，背部弯曲，人送外号"邹骆驼"。他原本家境贫寒，靠卖蒸饼为生。每天黎明时分，邹骆驼就推着小车沿街叫卖馒头。当途经东市北面的胜业坊拐角处，地面总有一块翘起的方砖，稍不留意就硌翻小车，馒头散落一地，沾满了灰土，让邹骆驼苦不堪言。于是他将浮砖挖出，同时带起了周围的砖块，不料这一锄头竟挖出了一个硕大的瓷瓮，打开一看，里面藏有黄金

唐彩绘擀饼女俑

数斗。靠着这笔意外横财，邹骆驼从此"脱贫致富"了。至于武大郎挑着担子沿街叫卖"炊饼"，也是这样的小贩。

武则天时，有一位四品官员叫张衡，因表现出色，被吏部列为三品官员候选人。有一天，张衡参加朝会回来，看到路边有人卖蒸饼，刚出笼，热气腾腾的，就买了一个当街吃了起来。不料这事被一位御史看到，回去之后便写了一份报告，弹劾张衡买蒸饼吃的行为有违官员行为准则。武则天批示道："流外出身，不许入三品。"因此，张衡就再也没有升到三品。玄宗时的户部侍郎刘晏入朝路上，看见路边摊贩蒸饼新熟，热气腾腾，不觉口馋，令随从买来，即用袍袖托着而食，且对同僚说，此饼"美不可言"。

传说，唐玄宗的哥哥宁王李宪宅第旁有卖面饼的夫妇二人，其妻皮肤白皙，面容姣好，宁王据为己有。一年后，李宪宴客，把卖饼人召进府，女子见了丈夫，凄然泪下，王维当场写下了"莫以今时宠，难忘旧日恩。看花满眼泪，不共楚王言"一诗，以息夫人的史事设喻，描写了卖饼人的妻子不忘旧爱。宁王李宪看到王维诗后，羞愧难当，遂让卖饼夫妇团聚。

唐代兴起的吃面茧及茧卜习俗，源于祈蚕古俗。《开元天宝遗事》记载唐朝都城长安贵家造面茧，以官位帖子卜职务的高下。

唐代饼食十分丰盛，据《太平广记》卷二八六引《河东记》所载，沛州西板桥店主三娘子用荞麦"作烧饼数枚"，给住客当作早餐点心。据此可知，唐人所说的烧饼与胡饼尚有区别。韦巨源烧尾宴食单中有若多种花样饼食，如"单笼金乳酥"，注云："是饼但用独隔通笼，欲气隔"；又如"曼陀样夹饼"，注云："公厅炉"；又"双拌方破饼"，注云："饼料花角"；"八方寒食饼"，注云："用木范"。其制饼的用具以及方法都各有不同。《江南余载》卷下记载南唐食目有鹭鸶饼、云喜饼、去雾饼、蜜云饼。《酉阳杂俎》卷七记载有五色饼、皮索饼、肺饼。其中五色饼的制法是："刻木莲花，藉禽兽形，按成之，合中累积五色，竖作道，名为斗钉。"《鉴诫录》卷一记载有糖脆饼，所引陈裕《咏浑家乐》诗云："满子面甜糖脆饼。"《云仙杂记》卷六说："开元中，长安物价大减。两市卖二仪饼，一钱数对。"春饼是一种以麦面裹菜肉蒸成或烙成的圆薄饼。隋唐风俗，在立春日吃春饼。《月令广义》卷五说："唐人立春日食春饼、生菜，号春盘。……春饼者，薄剂煿菜肉裹食也。""赍字五色饼"的制作方法是"刻木莲花，藕禽兽形按成之"，饼上印有美观的花纹图案，这与现在用模子做点心的方法一样。

唐时，南方也吃饼，《北户录》卷二记载："广州南尚米饼，合生熟粉为之，规白可爱，薄而复韧，亦食品中珍物也。"

唐代也有在油锅中煎炸的煎饼。有个文人叫段维，嗜好吃煎饼。他才思敏捷，经常与朋友一起相聚作"文会"，每当煎饼熟了一个，他就能立时赋诗一首。还有"𫗦子"，是用软面包枣馅油炸而成的，吃起来"其味脆美"，类似今天的炸元宵。油饼，唐时称"馉饳"，从胡饼改进而来。皇甫枚《山水小牍》中有"令溲面煎油作馉饳"。

敦煌壁画中出现了许多饼的画面。莫高窟第159窟中的斋僧图，在宽大的床榻上，可看见有4种饼食。右上角可以判断为𫗦子，右下角应该为馉饳；左下角为蒸饼，左上角可能为胡饼。

唐朝人还能各自独创花样饼食，在烹饪领域里独步佳境。《太平广记》卷二三四引《北梦琐言》载，五代前蜀时，成都人赵雄武号"赵大饼"，据称"能造大饼，每三斗面擀一枚，大于数间屋。或大内宴聚，或豪家有广筵，多于众宾内献一枚，裁剖用之，皆有余矣"。这种大饼似主要在贵族豪门筵席时所需。据《云仙杂记》卷九所引《朝野金载》记载，隋末人高瓒家做饼，"饼阔丈余"。

汤饼与馄饨

　　汤饼，是下在汤里煮的面食，如面条、面片等。胡三省《资治通鉴音注》说："汤饼者，碾麦为面，以面作饼，投之沸煮之。黄庭坚所谓'煮饼深注汤'是也。"汤饼做的时候要一边用手托着和好的面，另一只手往锅里撕片，片要撕得薄，"弱如春绵，白若秋绢"，煮开时"气勃郁以扬布，香分飞而远遍"。

　　从汉代汤饼出现开始，汤饼就一直享有极高的地位，是上层贵族才能经常享用的美食。《后汉书·李固传》上说："帝尚能言，曰：'食煮饼，今腹中闷，得水尚可活'。"可见皇帝也是经常吃汤饼的。汉代宫廷少府有专门的"汤官"，职责就是专职为皇帝制作汤饼。人们特别喜欢寒冷之时食汤饼，晋代人束皙《饼赋》说："玄冬猛寒，清晨之会。涕冻鼻中，霜成口外。充虚解战，汤饼为最。"《世说新语》上有个故事，说的是三国时的著名文学家何宴是一个有名的美男子。他生来皮肤极为白净，魏明帝怀疑何晏脸上是抹了白粉，就想了一个六月三伏天请何晏吃汤饼的办法，来试探何晏到底有没有涂脂抹粉。何晏吃汤饼吃得大汗淋淋，拿着毛巾不断擦汗，但是怎么擦还是面色洁白。魏明帝方才相信何晏并没有擦粉，而是天生肤白。相传，晋朝有一位皇帝喜获太子，赐群臣汤饼宴。北齐文宣帝高洋生了儿子，效法民间设宴，以汤饼招待亲友，称为汤饼宴。

南北朝时期，汤饼的种类更加细化，出现了水引、馎饦等不同的种类。《齐民要术》中对这两种做法有着详细的记载："以细绢筛面而成，调肉汁，待冷溲之。水引则搓如箸大，一尺一断，盘中盛水浸。馎饦搓如大指许，二寸一断，搓使极薄，急就火煮之。皆直光白可爱，滑美殊常。""水引"类似今天的面条，"馎饦"则类似今天的面片或者面疙瘩。馎饦是宰相堂饭中的一味，有的县级长官也用它来招待客人。宋人欧阳修《归田录》卷二说："汤饼，唐人谓之不托，今俗谓之馎饦矣。"它最初的做法是用清水和面，将面团揉光以后，搓成条状，再掐成半指长的小面段，然后将小面段放入掌心，用另一手的大拇指由近及远这么一搓，将厚厚的面段搓薄，搓成两头翘、中间凹的小笆斗或者两头尖、中间扁的柳叶舟，放在菜羹里煮熟。

汤饼中的面条，也叫"索饼"，以其长如绳索而得名。因配料不同，又有各种不同的名称。《食医心鉴》记载10种治病用的索饼，有羊肉索饼、黄雏鸡索饼、榆白皮索饼等。唐朝汤饼，名目很多，例如，《韦巨源食谱》中列有"生进鸭花汤饼"。其他如：冷淘（过水凉面）、汤饼（汤面）、馎饦，以及羊肉面、鸡汤面、素菜面等。

刘禹锡在《翠微寺有感》写道："汤饼赐都尉，寒冰颁上才"，汤饼是赏赐用品，足见其之珍贵。唐昭宗在凤翔对大臣们说："在内诸王及公主、妃嫔，一日食粥，一日食汤饼，今亦竭矣。"罗隐在《郑州献卢舍人》中写道："鸡省露浓汤饼熟，凤池烟暖诏书成"，在中书省草拟诏书时才有汤饼吃。李颀在《九月九日刘十八东堂集》中写道："风俗尚九日，此情安可忘。菊花辟恶酒，汤饼茱萸香"，重阳节时吃汤饼。当然，在长安，汤饼也是大众生活的一道主食。王维在《赠吴官》中感叹道："江乡鲭鲊不寄来，秦人汤饼那堪许。"在夏天吃汤饼，外地人难以忍受其热。《太平广记》卷三记载牛生赴举，"宿一村店，其日雪甚，令主人造汤饼"，可见店家有汤饼。

唐玄宗的发妻王皇后曾经亲手为玄宗烹制生日汤饼。后来王皇后失宠，还提到这件事，说你忘了在你生日时我为你煮长寿面了？失宠的王皇后该抱怨的事很多，却单独提出了"煮汤饼"这一条。

唐朝的汤饼中，有一种叫"槐叶冷淘"的冷面，它是用槐叶汁和面做成面条，煮熟后再放入凉水中冷却，吃起来又凉爽又别具风味。似乎现在消夏所食的凉面依旧沿用这种做法，只是少见有槐叶般清凉的面条色了。杜甫曾在《槐叶冷淘》一诗中写道：

青青高槐叶，采掇付中厨。

新面来近市，汁滓宛相俱。

入鼎资过熟，加餐愁欲无。

碧鲜俱照箸，香饭兼苞芦。

经齿冷于雪，劝人投此珠。

　　诗中精要地介绍了"槐叶冷淘"的做法、美丽的颜色及清爽甘美的味道，对其大加赞美。

　　现代人们日常食用的馄饨在唐代也已经出现。据宋人程大昌《演繁露》记载，世言馄饨，出于虏中浑氏、屯氏之手，后因声音相近而讹为"馄饨"。唐代以前已经有馄饨，但品种较为单一。到了唐代，馄饨品种迅速发展。长安名食中，有一家"萧家馄饨"十分有名，"漉去汤肥，可以瀹茗"。唐宋时期馄饨即为汤食，可在汤中放作料调味。

粟饭与稻米饭

　　米饭，在唐朝人主食中的地位虽然略逊于饼，但仍是不可或缺的主力。而在有些地区，它甚至比饼更受青睐。唐朝人食用的米饭多种多样，主要有稻米饭、粟米饭、黍米饭等。饭的食用很广泛，但其中又有区别，驿站供应过往官吏，对大使供白米饭，对随从就只给黑粗饭。敦煌地区的稻米饭是供给节度使的，宰相若吃粟米饭就被认为是节俭的典范了。

　　粟、麦是我国北方人的主食，而南方人以稻米为主。由于南方稻米生产的长足进步，大量稻米运往北方，特别是中唐以后，稻米已成为人们的常食之物。稻米饭配以相应的菜肴，既是人们喜爱的美食，也是诗人寻觅的美好意境，如"香稻熟来秋菜嫩，伴僧餐了听云和""早炊香稻待鲈脍，南渚未明寻钓翁"等诗句，都脍炙人口。

　　粟米饭，即小米饭，它的食用范围主要在北方地区，尤其是农

魏晋墓砖画《进食图》

村。日本僧人圆仁在《入唐求法巡礼行记》中写到在山东登州
的所见："山村县人，餐物粗硬，爱吃盐茶粟饭。"说明那里的农
民是以粟米饭为主食。有些官员招待客人，也用粟米饭。如《朝野
佥载》上记载说："汴州刺史王志愔饮食精细，对宾下脱粟饭（即
粟米饭）。"当时一些小饭店出售的饭食，也多为粟米饭。唐朝人

康骈在《剧谈录》中就写道："道中小店始开，以脱粟为餐而卖。"

黍米饭是用大黄米（即黍米，有黏性）煮的饭。由于唐代黍的种植量很大，所以黍米饭也是不少地方的主食。一些诗人在诗中都写到黍米饭，如"厨香吹黍调和酒，窗暖安弦拂拭琴""柴门寂寂黍饭馨，山家烟火春雨晴"。

杜甫在诗中屡次以"粗饭"来形容自己的清苦生活，如"粗饭依他日，穷愁怪此辰"及"钟鼎山林各天性，浊醪粗饭任吾年"。杜甫所谓的"粗饭"，应该是蔬饭、水饭、脱粟饭等劳动大众日常的饭食。

芡实，又名鸡头米，是睡莲科植物芡的成熟种仁。长于池沼湖泽之中，从华北到广南都有分布，以东南最盛。芡实质硬而脆，含多量淀粉，味淡，食之益人。唐人把芡实当作大宗采集食物，但总食用量低于菰米。

米饭，更多的是稻米饭。唐代的米饭，还有许多花式的做法，比较著名的饭食有青精饭、团油饭、王母饭、荷包饭和饧粥、茗粥等。

"青精饭"是一种用南烛树叶的汁浸黑的米蒸成的饭，其色如青，故名青精饭或乌饭。据说青精饭是道家发明的一种保健食品，其颜色乌青，富有营养，久食可使人延年益寿，为江南士人和清修的道家斋日待客时所备。青精饭原为道家养生用的饭，后流传入民间。陆龟蒙《四月十五日道室书事寄袭美》诗云："乌饭新炊芼臛香，道家斋日以为常。"青精饭的制作方法，陶弘景《登真隐决》记载："用南烛草木叶，杂茎皮煮，取汁浸米蒸熟而成饭。"唐代陈藏器在《本草拾遗》中说："乌饭法：取南烛茎叶捣碎，渍汁浸粳米，九浸九蒸九曝，米粒紧小，黑如璺珠，袋盛，可以适远方也。"

一般认为制作青精饭所用植物是"南烛",但也有用其他药草,可能所用植物是多种多样的。青精饭所用之米,皮日休有诗云:"分泉过屋春青稻,拂雾彩衣折紫茎。""青稻"下注:"此饭以青龙稻为之";"紫茎"下注:"南稻茎微紫色"。看来所用的也不是一般的稻米。

青精饭具有保健功能。皮日休有诗说:"蒸处不教双鹤见,服来唯怕五云生。草堂空坐无饥色,时把金津漱一声。"陆龟蒙也有诗云:"旧闻香积金仙食,今见青精玉斧餐。自笑镜中无骨录,可能飞上紫云端。"乌米饭的特点是便于携带,可以当做旅行食品,唐人也因而以此馈赠亲友。可见当时是作为长途旅行的食品。杜甫《赠李白》诗云:"岂无青精饭,使我颜色好。"青精饭(乌米饭)仍存于今天的江南地区,已成为一种民俗中的节令食品。

唐人中有一种饭食,用各色荤素菜拌和或盖在饭上的烩饭,颇为流行。一种食"团油饭",又叫"盘游饭",是用煎虾、鱼炙、鸭鹅、猪羊肉、鸡子羹、蒸肠菜、姜桂、盐豉等合制而成,为富贵人家妇女产儿三日或满月时食用,类似今日的什锦饭。张说有诗说:"方秀美盘游,频年降天罕。"

"王母饭"是皇家的主食之一,在洁白的米饭上浇拌肉、蛋等各样美味菜肴精制而成,类似今日的盖浇饭。"荷包饭"以香米杂鱼肉等用荷叶蒸成。柳宗元《柳州峒氓》有"绿荷包饭趁虚人"的诗句。

唐代宫廷御厨还有一种以特殊工艺制作的风味饭,叫"清风饭"。《清异录》记载其制作方法:"用水晶饭、龙睛粉、龙脑末、牛酪浆,调事毕,入金提缸,垂下冰池,待其冷透供进,惟大暑方作。"

御厨做好后，要把饭放入金缸里，金缸则泡在冰水池中，饭凉后就可以享用了。这是专供暑热天时食用的凉饭。

"雕胡饭"是用菰米煮成的饭。"菰"是一种水生植物，"菰米"又称"雕胡"就是这种植物的果实。《西京杂记》中说："菰之有米者，长安人谓之雕胡。" 有些菰因感染上黑粉菌而不抽穗，且植株毫无病象，茎部不断膨大，逐渐形成纺锤形的肉质茎，这就是食用的茭白。秦汉以前，菰是作为谷物种植的，古代把"菰米"加入五谷，合称六谷。西汉枚乘《七发》中描写贵族美食时有"楚苗之食，安胡之饭"，"安胡"即雕胡。杜甫诗中说："滑忆雕胡饭，香闻锦带羹。"李白的《宿五松山下荀媪家》也说到吃雕胡饭：

> 我宿五松下，寂寥无所欢。
> 田家秋作苦，邻女夜舂寒。
> 跪进雕胡饭，月光明素盘。
> 令人惭漂母，三谢不能餐。

四

只将食粥致神仙

　　唐代常见的早餐是"粥"。白居易诗说："今朝春气寒，自问何所欲。苏暖薤白酒，乳和地黄粥。"皮日休也有："朝食有麦馆，晨起有布衣。"其中的"馆"也是粥。

　　古人食粥的历史很长，据说粥是黄帝发明的。古人把粥分为馆（厚粥）和粥（稀粥）两大类，或以原料不同而分为米粥、麦粥、豆粥、粟米粥、乳粥等。唐代的医学著作《食医心鉴》专门有一部分就是讲粥的，其中提到各种做法，原材料从米到白粱米、粟米、薏仁米、大麦、小麦、粳米，辅料从蔬菜到肉到水果到干果，堪称包罗万象。宋代文献《太平圣惠方》《圣济总录》《养老奉亲书》三书等记载，食疗之粥品有 306 种。

　　在唐代，宰相堂饭、京兆府中设食都有粥。大臣上朝前堂厨所备便餐中的"粟粥、乳粥、豆沙加糖粥"，则是十分高级的粥。

唐时粥的做法多样。在唐朝的医学著作《食医心鉴》里，专门有一部分就是讲粥的，其中提到各种做法，原材料从米到白粱米、粟米、薏仁米、大麦、小麦、粳米，辅料从蔬菜到肉到水果到干果，堪称包罗万象。

如"胡麻粥"（芝麻粥），当时唐人很喜欢在饭里加芝麻，尤其是道家人士最喜欢食用胡麻饭，以至唐人视此饭为山林之食。唐代志怪小说描述神仙饮馔，常以胡麻饭为标志。《太平广记》卷三四引《原化记》老父宽带裴氏子，"食以胡麻饭、麟脯、仙酒"。还有王维的"御羹和石髓，香饭进胡麻"，粥里也少不了，于是就有了胡麻粥（芝麻粥）。白居易《七月一日作》说："饥闻麻粥香。"

寒食节的时候，据《唐六典》记载，诸王的节日食料有寒食麦粥。寒食节时，民间各家均不举火，人们吃冷粥为食。寒食粥是最具有代表性的食品之一，有许多种不同类型的粥，例如杨花粥、桃花粥、杏仁粥等。这些粥都是由粳米或者是麦熬成的，十分黏稠，甚至可以冷凝成块状，比较好收藏，能够放置三天。

冷粥味道不大好，所以吃杏仁饧粥就很普遍。《邺中记》记载的做法是："寒食三曰，作醴酪，又煮粳米及麦为酪，捣杏仁煮作粥。按《玉烛宝典》，今人悉为大麦粥，研杏仁为酪，别以饧沃之。"简单说就是大麦粥加上磨碎的杏仁，加上饧（麦芽糖）。饧粥在唐朝是寒食节的节令食品。诗人沈佺期有《岭表逢寒食》一诗："岭外逢寒食，春来不见饧。洛阳新甲子，何日是清明。"李商隐《评事翁寄赐饧粥走笔为答》诗云："粥香饧白杏花天，省对流莺坐绮筵。"赞美了饧粥的芳香甜美。洛阳人在寒食节吃杨花粥，冯贽《云仙杂记·洛阳岁节》说："洛阳人家……寒食装万花舆，煮杨花粥。"

唐·阎立本《孝经图卷》（局部），辽宁博物馆藏

饧粥不仅是一种食物，也是一种药膳，能够治疗咳嗽。唐中期薛用弱的传奇小说《集异记》里写了利用寒食饧治病的事件。河朔名将邢曹进饱受飞矢中目的苦痛，后得高僧指点，饮用寒食饧，刺入骨头里的箭镞被取出。这处记载有虚夸的成分，似不可信，但从一定程度上能看出，在当时，寒食饧粥不仅是人们的日常粥食，还被人们用于治病疗疾。

《续齐谐记》所讲吴县张成的故事里，张成在白米粥上放油脂，制成"膏粥"，用以祈蚕。所谓祈蚕，是指人们在正月十五这天

祭蚕神，祀门户，迎阳气。隋杜公瞻注释《荆楚岁时记》说，北方
迎阳气活动中，在豆粥里插箸而祭；而祈蚕之俗则是作粥，并在上
面覆肉，沿袭了南朝正月十五日食粥传统。

　　茗粥，是以茶水煮的粥，其味清香，为江南吴地的食俗，山寺
僧人和文士多喜爱这种粥，据说能起到提神的作用。此外，还有防
风粥、云母粥和地黄粥等药食之粥。如防风粥系采用中药防风煮成，
可御风寒。白居易入翰林时，内廷即曾以此粥一瓯相赠。

　　唐朝还有一种流行的食疗粥法，那就是葱粥，据《圣济总录》
中记载："主治伤寒后，小便赤涩，脐下急痛。"葱本身就有杀菌开胃、
发汗散热的功效，用葱白与谷物熬制成汤品，可以治疗鼻塞、头痛、
感冒等症状，甚至还有治疗产后血晕的功效。因为粥是流质食物和
半流质食物的综合体，又因为食物融于水，很容易被人体吸收，还
有健胃的作用，所以很受欢迎。

点心与小食

在唐以前，富足的人们，在正餐与正餐之间，会享用一些小食，这些小食发展到唐代，就成了点心。

小吃一词原称"小食"，最早出现在晋干宝所著《搜神记》中。北方与长江上游地区，将食肆饭摊边做边卖的早点、夜宵等食品称为小吃，南方则将肉类制品称为小吃。"点心"是唐代开始出现的词。唐人所谓"点心"，多作动词用，本意是在正餐之前暂且充饥，"吃点东西以安心"。食品如烧饼、馄饨、水饺等在另外场合不作正食，均可称为点心。点心是唐人生活的精美点缀，在正餐之外，为饮食锦上添花。如《幻异志》"板桥三娘子"条记载："置新作烧饼于食床上，与诸客点心。"南唐刘崇远《金华子》记载，江淮留后郑傪妻少弟至妆阁问其姐起居，姐方治妆未毕，家人备夫人早餐于侧。姐对其弟说："我未及飧，尔且可点心。"

唐人习惯在宾客到来而未正式就餐前，必先备饼饵果品招待客人，称为"茶食"。若在宴席上用盘把各式花样的饼饵堆叠在一起作为看盘，则称为"饤饤"或"饤饾"。韩愈诗说："或如临食案，肴核纷饤饾。"唐代宫廷赐食百官即有饼饵之类。白居易诗说："朝晡颁饼饵，寒暑赐衣裳"，即示受皇帝的恩眷。上流社会以糕为主食。对百姓来说，糕食既珍美，又奢贵，多于节令食之。

由饼的制作发展起来的糕点食品，隋唐以来品种繁多。如：苏（奶酪）、豆饧（豆饴）、粔汝（米饼）、飧（糍团）、饧（薄糖）、饼馊（有馅带奶酪的饼）等。有一种樱桃点心在当时非常流行，点心以樱桃、蔗浆、奶酪等物制作。唐代诗人杜牧的诗中还有记录，《和裴杰秀才新樱桃》诗说："忍用烹酥酪，从将玩玉盘。流年如可驻，何必九华丹。"据说，这种樱桃制成的点心，唐玄宗就非常喜爱吃。

唐人把糕当作一种比较精细的主食，有水晶龙凤糕（糯米粉做的）、花折鹅糕、紫龙糕、玉梁糕、重阳糕、软枣糕等。五代时有个糕坊太受欢迎，老板还被封为员外官，人称"花糕员外"，他家招牌有满天星（金米）、糁拌（夹枣豆）、金糕糜员外糁（外有花）、花截肚（内有花）、大小虹桥（晕子）、木蜜金毛面（枣狮子也）。

"馇子"用软面包夹枣馅油炸而成，吃起来脆美，类似今天的炸元宵。从食品原料来看，圆子、团子用糯米制成，主要流行于南方，而馇子南北方都流行，可能北方用小麦粉制成，南方则以米面为之。初唐诗人王梵志诗云："贪他油煎馇，爱若菠萝蜜。"《太平广记》收录的唐代卢言《卢氏杂说》中有一篇《尚食令》，讲唐代一个因制作油馇比较知名的御厨升职为尚食令的故事，叙述了油馇的制作方法："要大台盘一只，木楔子三五十枚，及油铛炭火，好麻油一二斗，南枣烂面少许。"制作时先把台盘放平，不平的地方用楔子垫平，"然后取油铛烂面等调停。袜肚中取出银盒一枚，银篦子、银笊篱各一，候油煎热，于盒中取馓子觚，以手于烂面中团之，五指间各有面透出，以篦子刮却，便置馓子于铛中。候熟，以笊篱漉出，以新汲水中。良久，却投油铛中，三五沸取出，抛台盘上，旋转不定，以太圆故也"。当时品尝过的人点赞说"其味脆美，不可名状"。

唐人流行的点心还有馓子，又称食馓、捻具、寒具，又有"粔籹""细环饼""捻头"等名称。它是一种油炸食品，香脆精美。北方馓子以麦面为主料，南方馓子多以米面为主料。馓子色泽黄亮，层叠陈列，轻巧美观，干吃香脆可口，泡过牛奶或豆浆后入口即化。馓子起源于春秋战国时期，寒食节禁火时食用的"寒具"即为馓子。那时候，为纪念春秋时期晋国名臣义士介子推，寒食节要禁火 3 天，于是人们便提前炸好一些环状面食，作为寒食节期间的快餐，既是为寒食节所具，就被叫作"寒具"。屈原的《楚辞·招魂》篇中，就有"粔籹蜜饵，有餦餭些"的句子。"餦餭"即寒具。北魏贾思勰的《齐民要术》详细记载了三国两晋南北朝时期寒具的制作方法。

有一种点心叫"酥山"，其制作工艺称为"滴酥"，将酥微微加热到近乎融化，拌入蔗浆或蜂蜜，然后向盘子一类的器皿上滴淋，一边淋一边做出造型。甜酥"淋"成山峦起伏的形状之后，经冷冻定型，便会牢牢地冻黏在盘子上。在连盘端上宴席之前，还会插些人工做的彩树、假花作为装饰。酥山可以采用本色的白酥制成，状如雪山，但也常常染成红色或绿色。实际上，人们常喜欢采用染成粉红色的"红酥"制作精品"奶油冷冻花点"，韦巨源《烧尾宴食单》中有一道"贵妃红"，旁注"加味红酥"，便是一种用掺有香料的

新疆吐鲁番阿斯塔那出土的唐代面制食品

红酥制成的甜点。席上还有一道"玉露团",旁注"雕酥",则是把冻酥加以雕刻,形成精美的艺术化造型。

《云仙杂记》中就记载说,虢国夫人府上有一位叫邓连的厨艺大师,他滤掉熟豆泥中的豆皮,制成豆沙,美名"灵沙臛"。同时,将上好糯米捣打成糍糕,夹入灵沙臛做馅,还巧妙地将这豆沙馅塑出花形。经他巧制,糍糕的糕体呈半透明状,于是豆沙的花形得以隐约透映出来,因此叫作"透花糍"。

唐代京城中有专门卖糕饼小吃的店家。其中最著名的有张手美和花糕员外家。张手美是唐朝长安著名的制作小吃的高手,《清异录》记述,唐长安阊阖门外的"张手美家"食店,专门经营年节时令小吃,依季节的不同轮番供应风味食品,如元日(正月初一)"元阳脔"、寒食节有"冬凌粥"、重午(五月初五)"如意圆"、七夕"罗喉罗饭"、中秋节有"玩月羹"、重九"米锦(重九糕)"、腊日有"萱草面"。花糕员外家的小食做得精细无比,据《清异录》卷下记载,他卖的"糕"有"满天星(金米)、糁拌(夹枣豆)、金糕糜员外糁(外有花)、花截肚(内有花)、大小虹桥(晕子)、木蜜金毛面(枣狮子也)"等。

第四章

胡·风·与

胡·食

胡羹与羌煮貊炙

    汉唐时期，随着丝绸之路的开辟，大量的西域物产输入中国，成群结队的外国侨民涌入中国。魏晋南北朝时，北方草原民族的生活习俗就对中原有很大影响。《晋书·五行志》记载："泰始（265—274）之后，中国相尚用胡床貊槃，及为羌煮貊炙槃，贵人富室，必畜其器，吉享嘉会，皆以为先。太康（280—289）中，又以毡为头及络带袴口。百姓相戏曰：'中国必为胡所破。'"晋武帝建国之初，中原的达官贵人就爱使用少数民族的床和盥漱器皿，家中必备少数民族的煮烤等烹调用具，宴请客人，首先上的是用少数民族器具所盛的食物，这表明当时以使用少数民族器具和食用少数民族食品为时髦。接着又时兴起少数民族的毛毡，用毛毡作帕头（包头巾），以毡条缘衣带袴口。

    唐朝是中国历史上一个大开放的时代，唐代长安几乎为一国际大都会。据估计，外国人占长安人口总数的 2% 左右。见诸诗文、笔记、小说所称者，有商胡、贾胡、胡奴、胡姬、胡稚、蕃客、蕃儿、昆仑奴等。胡僧在寺院里传经，胡商在市场上交易，胡姬在酒馆里翩翩起舞，各国的使臣出入官府，登堂入室，从而使西域文明中的一些风俗习惯，如胡服、胡妆、胡戏、胡食成为一种新奇时尚，影响了唐人社会生活的各个方面，于是长安胡化极盛一时，改变了唐人的生活风貌。

唐代胡化之风弥漫于社会生活的各个领域，涉及饮食服饰等日常起居、音乐舞蹈的娱乐活动、诗歌绘画等艺术领域。来自外国的各种商品和奢侈品以及它们的仿制品，都成为竞相追逐的对象。《旧唐书·舆服志》记载，开元、天宝以来，胡服、胡帽、胡屦、胡食、胡乐流行，说"太常乐尚胡曲，贵人御馔，尽供胡食，士女皆竞衣胡服"。又说"开元初，从驾宫人骑马者，皆著胡帽，靓妆露面，无复障蔽。士庶之家，又相仿效"，更说妇人自开元以来，着线鞋、胡屦。姚汝能在《安禄山事迹》中说："天宝初，贵游士庶好衣胡服，为豹皮帽，妇人则簪步摇，衩衣之制度，衿袖窄小。识者窃怪之，知其戎（兆）矣。"

诗人元稹描写唐代"胡化"之风：

自从胡骑起烟尘，毛毳腥膻满咸洛。

女为胡妇学胡妆，伎进胡音务胡乐。

火凤声沉多咽绝，春莺啭罢长萧索。

胡音胡骑与胡妆，五十年来竞纷泊。

唐·章怀太子墓壁画《外番使臣入贡图》，陕西历史博物馆藏

　　唐代胡风之盛，影响最大的在餐饮领域，胡食盛行。魏晋南北朝时，北方草原民族把自己的饮食习惯和烹饪方法都带到了中原腹地。从西域地区来的人民，传入了胡羹、胡饭、胡炮、烤肉、涮肉等制法。至北魏时，鲜卑民族拓跋氏入主中原后，又将胡食及西北地区的风味饮食大量传入内地，使内地饮食出现了胡汉交融的特点。

　　我国古代的美味胡食还有"胡羹""胡羊肉"等。"胡羹"是汉魏南北朝时期的名菜，传说它始于北方草原民族地区，或始于西域各国，羹中所用的原料都是西域胡地生产，故称"胡羹"。而后，各种羹料从西域各国引进种植，人们习惯食用此羹，胡羹的名字也就流传下来。"作胡羹法：用羊肋六斤，又肉四斤，水四升，煮，出胁切之，葱头一斤，胡荽一两，安石榴汁数合，口调其味。""胡羊肉"用羊肉煮、蒸之法烹制,称"胡炮肉法:肥白羊肉,生始周年者,杀,则生缕切如细叶,脂亦切,著浑豉、盐、擘葱白、姜、椒、荜拨、胡椒,令调适。净洗羊肚,翻之。以切肉脂内于肚中,以向满为限,缝合,作浪中坑,火烧使赤,却灰火。内肚著坑中,还以灰火覆之,于上更燃火,炊一石米顷,便熟。香美异常"。胡羊肉一看为历代美食家所称赞。

《齐民要术》介绍:"胡饭法:以酢瓜菹长切,炙肥肉,生杂菜,内饼中急卷,卷用两卷,三截,还令相就,并六断,长不过二寸。"

胡食中尤以"羌煮貊炙"的烹饪方法最为典型。所谓"羌煮"即为煮或涮羊、鹿肉;"貊炙"类似于烤全羊,《释名》卷四《释饮食》中说:"貊炙,全体炙之,各自以刀割,出于胡貊之为也。""羌煮貊炙"鲜嫩味美,深受人们青睐,逐渐成为胡食文化的代名词。临近敦煌的嘉峪关等地的魏晋十六国十期的墓葬当中,也有不少宴饮图像,反映了当时这一带的饮食习俗,其中的"串炙"图像,就是今天的烤肉肉食烹饪方式。这是当时河西人烹饪肉食的主要方式。

当时还有一种名为"浑炙犁牛"(整烤牦牛)的大菜。诗人岑参在《酒泉太守席上醉后作(其二)》诗中写道:"琵琶长笛曲相和,羌儿胡雏齐唱歌。浑炙犁牛烹野驼,交河美酒归叵罗。"

韦巨源的烧尾宴中,有些菜肴多用羊肉、羊油、羊乳及各色面食,明显是胡食的做法。如曼陀样夹饼、婆罗门轻高面、天花饆饠是明确的胡食,水晶龙凤饼、八方寒食饼、双拌方破饼、巨胜奴都是胡饼的演进,如巨胜奴是把蜜和羊油置入面中,外沾黑芝麻,油炸而成。

西安安伽墓石屏风粟特人与突厥人宴会图

唐玄宗与胡饼

　　唐代面食中，有一种饼被称为"胡饼"。唐玄宗爱吃胡饼。据说，安史之乱爆发时，唐玄宗仓皇出逃，第一站到了咸阳旧宫。中午没有膳食，饿得饥肠辘辘。宰相杨国忠跑到外边的街市上，在街边小店买了几个胡饼给玄宗充饥。其实，在这个时候，吃什么都很香。在逃亡的路上，后有乱兵，前路茫茫，所有的帝王尊严，皇家排场，都可以抛到九霄之外了。

　　但是，玄宗确实爱吃胡饼。不但玄宗爱吃，很多人都爱吃。历史上最爱吃胡饼的名人是汉灵帝。《后汉书》称："灵帝好胡饼，京师皆食胡饼。"这位汉灵帝是一位典型的玩闹皇帝，朝政交给了宦官十常侍，自己就是一心玩，还专门建了一座西园供自己享乐，卖官的收入也是为了更好的享乐。好玩的人对一切新奇的东西都喜欢，从外国来的奇珍异宝，新奇的事物，都在灵帝喜欢的范围之内。

《后汉书·五行志》说："汉灵帝好胡服、胡帐、胡床、胡坐、胡饭……京都贵戚皆竞为之。"因灵帝的身体力行，在东汉末年竟然出现一股时尚的"胡风"。

汉唐间多有西域和草原民族移民到中原地区，也带来了他们的饮食习惯。和其他许多事物一样，中原人把胡人带来的东西都冠以"胡"字，胡饼就是其中之一。汉灵帝好胡饼，说明汉代已有胡饼。《太平御览》中记载，东汉末年，李叔节兄弟"作万枚胡饼犒劳吕布军队"。这时候胡饼已经可以作为军粮了。《三辅决录》记载："赵岐避难至北海，于市中贩胡饼。"说的是东汉末年的赵岐受宦官迫害，避难四方，后来隐姓埋名，在北海卖胡饼。安丘人孙嵩见到赵岐后，觉得他不一般，于是问赵岐："我看你不像是卖饼的人，问你话你又脸色有变，你如果不是与人有深仇大恨，就是逃亡的人。我是北海的孙宾石，家中有百余口人，也许可以帮你的忙。"于是赵岐以实情相告，孙嵩将其带回家，设宴款待，把他藏在夹壁中好几年，直到后来得到大赦才得以重见天日。

到了魏晋南北朝时，北方和南方胡饼都很流行。《晋书》有"王羲之独坦腹东床，啮胡饼，神色自若"的记载，说的是王羲之年轻时很有风度，太尉郗鉴听说王家的子弟都很俊雅，派门生去王家，请求选一女婿。王丞相对郗鉴的门生说："你可以去东厢，随意挑选。"王家子弟听说郗家来人选婿，都整理衣饰来待客，只有王羲之一个人袒露肚腹在东床上，吃着胡饼，神色坦然自若。门生回去告诉郗鉴："王家各位子弟，都很好，听说来选婿，都有些拘谨，只有一青年人，在床上袒腹卧，好像没听见。"郗鉴说："这人正可做我的女婿啊。"于是将女儿嫁给王羲之。从这一记载中可知，

河南洛南新区唐墓商胡牵骆驼壁画

至迟晋代胡饼已经成为人们的日常食品了。

对于王羲之来说，人生大事远不如吃胡饼重要，面对当朝重臣，他选择置若罔闻，似乎有悖常理，但这正是一种真正的名士风范。名士自风流，正是这种率真、超然物外、崇尚自然的名士风度吸引了郗鉴，而郗鉴从选"东床快婿"的行为上看，自是同道中人。

《世说新语·雅量》记载了东晋太尉记室参军褚裒投宿钱塘驿

亭遇到钱塘县令沈充的故事。故事说："褚公于章安令迁太尉记室参军，名字已显而位微，人未多识。公东出，乘估客船，送故吏数人，投钱唐亭往。尔时，吴兴沈充为县令，当送客过浙江，客出，亭吏驱公移牛屋下。潮水至，沈令起彷徨，问：'牛屋下是何物？'吏云：'昨有一伧父来寄亭中，有尊贵客，权移之。'令有酒色，因遥问：'伧父欲食饼不？姓何等？可共语。'褚因举手答曰：'河南褚季野。'远近久承公名，令于是大遽。不敢移公，便于牛屋下修刺诣公，更宰杀为馔，具于公前。鞭挞亭吏，欲以谢惭。公与之酌宴，言色无异。状如不觉。令送公至界。"这段记载中的饼即胡饼。

胡饼的做法，简单说类似今天我们常吃的芝麻烧饼，胡饼的一个特点是在饼上着芝麻。十六国时，因为后赵石勒忌讳"胡"，改胡饼为麻饼。不过胡饼也不同于现在的芝麻烧饼，胡饼的种类很多，至少有大胡饼、小胡饼和油胡饼之分。烤制的胡饼无需用油，大致相当于新疆烤馕中的素囊。唐人食用的胡饼主要有素饼、油饼、肉饼、芝麻饼等不同的种类。

《唐语林》说有一种胡饼："时豪家食次，起羊肉一斤，层布于巨胡饼，隔中以椒豉，润以酥，入炉迫之，候肉半熟食之。"这种胡饼叫"古楼子"，是一种羊肉馅饼，吃起来又酥又香，味美异常。

胡饼用炉子烤制，唐朝已经有专用的"胡饼炉"，有人甚至直接称胡饼为"炉饼"。但是也有蒸制的胡饼。

日本圆仁和尚《入唐求法巡礼行记》记载，在开成六年（841）正月六日立春时，唐武宗曾向文武百官赏赐胡饼。圆仁本人也曾在长安佛寺中食用胡饼，称"时行胡饼，俗家皆然"。当时僧俗人等都喜欢食用胡饼。玄奘取经时，穿越沙漠戈壁，身上所带的食物就

是胡饼。胡饼不仅用来吃,甚至还是食疗的一种方式。唐末年爆发黄巢起义,长安失陷后,唐僖宗逃亡蜀地,路上没有吃的东西,宫女找到一种"消灾饼"给僖宗吃。这和唐玄宗的故事是一样的。唐末诗人罗隐有《帝幸蜀》诗咏其事:

> 马嵬山色翠依依,又见銮舆幸蜀归。
>
> 泉下阿蛮应有语,这回休更怨杨妃。

在长安等地的街头,卖胡饼的店摊十分普遍。贺知章初到长安,投师访友,出明珠为贽见之礼,主人了不在意,嘱童持去鬻胡饼数十枚,众人共食之。当时,除了东西两京外,至少今山东、江西、四川等地都是胡饼流行的地区。鉴真东渡时,准备的海粮中包括有"干胡饼二车"。《廷尉决事》还记载了一个叫张桂的人,由于专卖胡饼而出名,后来竟被封为兰台令。唐代以长安辅兴坊胡饼店制作的芝麻胡饼最为有名。元和十四年(819),白居易在忠州刺史任上时,曾将忠州所出胡饼寄予万州刺史杨归厚,写诗《寄胡饼与杨万州》说:

> 胡麻饼样学京都,面脆油香新出炉。
>
> 寄与饥馋杨大使,尝看得似辅兴无。

从诗中我们知道,当时胡饼在四川已经很流行,而且四川人制作的胡饼"面脆油香"。白居易给杨归厚送去新出炉的胡饼,请他品尝,看像不像"辅兴坊"的胡麻饼。

🌸 唐彩绘胡人骑卧驼俑，西安大唐西市博物馆藏

　　唐人小说中有几则胡饼的故事，而且都有神奇色彩。唐代传奇（小说）《虬髯客传》讲英雄李靖、红拂女、豪侠虬髯客"风尘三侠"的故事。他们在去太原的途中小城石灵相遇，李靖出去买了些烧酒与胡饼，炖熟羊肉三人围坐炉旁，边吃边谈，虬髯客抽出腰间匕首切肉共食，豪气冲天。《太平广记》卷三五六引《传异记》写中唐名将马燧贫贱时为太原节帅追杀，在逃亡途中遇到一位自称"胡二姊"的女子搭救，这位胡二姊解开带的包袱，有一罐熟肉，一个胡饼，马燧饿急了，狼吞虎咽地吃下。后来马燧发达了，到处打听这胡二姊的下落，也没有找到，只好立庙常年祭祀。另一则故事中说，东平尉李麕在由东都前往东平赴任途中，在一故城客店中，也有人以卖胡饼为业，"其

妻姓郑有美色，李目而悦之"，后来就娶郑氏为妻。几年后二人进京，途中郑氏"忽言腹痛，下马便走，势疾如风。李与其仆数人极骋，追不能及"。后来才知道，这位郑氏原来是一只母狐狸。

胡饼店有许多是胡人经营的。唐代有一则故事说，饶州龙兴寺奴阿六，宝应中卒，到地府以命不该绝放还。途中遇到原来相熟的胡人，此胡人生时以鬻胡饼为业，死后在阴间仍以卖饼为业。胡人求阿六为家中捎"胡书"一封，请家中为造功德。这个故事说明，唐代鬻胡饼者多为胡人，胡人生时以制作胡饼为生，死后仍以胡饼为业。唐人传奇名篇《任氏传》中提到郑六夜遇狐仙，天未明而归，所住里坊的大门还没开。门旁有胡人鬻饼的小店，刚张灯点炉子。郑六就在其窗下歇息，等候天明。在唐人传奇故事中，鬻胡饼者往往都是胡人。有一则"鬻饼胡"的故事说，鬻饼胡在本国时原本是富豪之家，至长安从事珠宝生意，因等候一起来的同乡，遂以售饼为业，后来竟然客死他乡。

奇异的饆饠

　　胡饼是汉唐间流行的一种"胡食"，此外，唐代流行西域和草原民族带来的其他食品制作方法。胡食的流行，是当时社会生活的一个显著特点。《新唐书·舆服志》说："太常乐尚胡曲，贵人御馔，尽供胡食。"唐代的胡食品种很多，唐代慧琳《一切经音义》说："胡食者，即饆饠、烧饼、胡饼、搭纳等。"

　　和胡饼齐名的另一种胡食是"饆饠"。"饆饠"一语源自波斯语，一般认为它是指一种以面粉作皮、包有馅心、经蒸或烤制而成的食品。唐人李匡义认为"饆饠"这两个字当初应作"毕罗"，因为胡人中有毕氏、罗氏好食此味。

　　饆饠的奇异之处，据说能防"鬼"。饆饠由胡地传入中原时，馅料为加入大蒜的辛辣口味。段成式曾记载两则与饆饠有关的故事，一则说，东市恶少李和子，干了很多坏事，阎王爷派小鬼来抓他。

他请这几位鬼卒饮酒，领他们去了饦饦店。因为有大蒜味道，众鬼都掩鼻不肯进去，只好换到杜家酒肆。另一则故事说，有一个人午睡，梦见邀邻居在经常光顾的长安长兴里饦饦店饮食。梦醒之后，果然有店中伙计前来，诘问为何与客食饦饦，没给钱就走了。这个人大惊，就跟着伙计来到饦饦店验证，发现店内情景和梦中一样。他问店主："我的客人吃了多少？"店主回答说："他们一口也没吃，大概是嫌有蒜味吧。"

饦饦的做法并不限于一种。长安有许多经营饦饦的食店，韩约能家的饦饦店是一家名店，该店做的"樱桃饦饦"远近闻名，据称，这种饦饦甚至能使樱桃颜色保持不变。另外还有蟹黄饦饦、猪肝饦饦、羊肾饦饦等，就是用不同的馅做成的饦饦。刘恂在《岭表录异》中记载："赤母蟹，壳内黄赤膏如鸡鸭子共同，肉白如豕膏，实其壳中。淋以五味，蒙以细面，为蟹黄饦饦，珍美可尚。"

还有一种叫作"天花饦饦"的食品，具有食疗作用。"天花饦饦"中的"天花"为何物？《本草正义》中记载，药肆之所谓天花粉者，即以蒌根切片用之，有粉之名，无粉之实。其捣细澄粉之法，《千金方》已言之。唐初孙思邈在《千金方》说："今吾嘉人颇喜制之，载入邑乘，视为土产之一。法于冬月掘取蒌根，洗尽其外褐色之皮，带水磨细，去滓澄清，换水数次，然后曝干，晶莹洁白，绝无纤尘，沸汤沦服，虽稠滑如糊而毫不粘滞，秀色鲜明，清澈如玉，与其他市品之羼入杂质者，绝不相同。"《唐本草》说："今用栝楼根作粉，如作葛粉法，洁白美好。"

饦饦是一种按斤出售的较为高档的食品，往往用以待客。关于饦饦的形状，《太平广记》卷二三四《御厨》说："翰林学士每遇赐食，有物若饆饠，形粗大，滋味香美，呼为诸王修事。"所谓"形粗大"即是粗条状。

第五章

笼

唐·人·的

菜·肴·的

唐人的菜篮子

　　唐人的副食，是以肉食为主，相比于肉食，蔬菜占居次要地位。但是，这并不是说唐人不重视蔬菜。唐朝时的菜篮子已经很丰富了。白居易的诗"旦暮两蔬食，日中一闲眠"所描绘的谷物与蔬菜结合的一餐，构成了唐代普通人日常的饮食结构。白居易在诗中大量写到日常饮食，如《晚起闲行》："午斋何俭薄，饼与蔬而已。"再如《过李生》："须臾进野饭，饭稻茹芹英。"江州竹盛，笋贱易置，《食笋》说："此州乃竹乡，春笋满山谷。山夫折盈抱，抱来早市鬻。物以多为贱，双钱易一束。置之炊甑中，与饭同时熟。"《夏日作》说："宿雨林笋嫩，晨露园葵鲜。烹葵炮嫩笋，可以备朝餐。"

　　唐人食用的蔬菜基本上都是园圃种植的，凡是能种庄稼的地方都可以种蔬菜，包括一些犄角旮旯的小块土地，尤其是长安洛阳等大都市周边的郊区。蔬菜可以来自自家菜园，杜甫写"畦蔬绕茅屋，自足媚盘餐"，高适写"耕地桑柘间，地肥菜常熟"，都是自家菜园景色的写照。工部侍郎宋宇在自己家的园圃种植了30种蔬菜，时雨过后，巡行菜园，不无得意地说："天苗此徒，助予鼎俎，家复何患。"

蔬菜当然还能来自市集。白居易的"晓日提竹篮，家僮买春蔬"，就是家里仆人清晨去市集买菜的样子。唐代医学家孙思邈在《备急千金药方》的《菜蔬》篇，列出的食用蔬菜超过了40种。

六七千年前，我国先民就开始栽培蔬菜。商周时代的食用蔬菜，陆生的有瓜、葫芦瓜、韭菜、苦菜、荠菜、豌豆苗，水生蔬菜有蒲，就是蒲草的嫩心。济南的"奶汤蒲菜"至今还是山东名菜。还有莲藕、水芹、水藻、莼菜、荸荠、菱角、茭白等。此外还有白菜，不过那时候是小白菜。采集的蔬菜主要是野生菌类，如草菇、土菌和木耳。据有关统计，在周代，见于文献记载的人工栽培蔬菜大致有韭、芸、瓜、瓠、葑等有限的几种。学者孙机在《中国古代物质文化》中说，《诗经》里提到了132种植物，其中有20余种用作蔬菜。周代已经有了王家菜园，到了春秋时期，园圃业已经发展起来了。

到了汉代，由于丝绸之路的畅通，出现了一次引进外来植物的高潮。西域各种佳种源源引入，丰富了中国的物种资源，促进了中原种植业、园艺业的发展以及食物结构的调整。从西域移植的蔬菜有胡麻、胡豆、胡荽、胡蒜等。胡麻就是芝麻，胡荽就是香菜。中国人很早就掌握了胡麻的种植时令和收藏方法，据后魏时的《齐民要术》记载，芝麻已有大田栽培。胡麻还被方士们视为长生食物，中医也多以胡麻入药。胡荽原产地为地中海沿岸及中亚地区。《说文解字》说："荽作荽，可以香口也。其茎柔叶细而根多须，绥绥然也。"原产地中海地区的小茴香，最初从阿拉伯传入。《救荒本草》记载："今处处有之，人家园圃多种，苗高三四尺，茎粗如笔管，旁有淡黄挎叶，拎茎而生。挎叶上发生青色细叶，似细蓬叶而长，极疏细如丝发状。挎叶间分生叉枝，梢头开花，花头如伞盖，结子如莳萝子，微大而长，亦有线瓣。采苗叶炸热，换水淘净，油盐调食。"大葱原产于西伯利亚，大约在东晋时代通过西域开始传入中国；另一种重要的作物高粱（非洲高粱）也在大约 4 世纪前后从非洲经印度传入我国。

黄瓜也是这一时期引进的物种，当时叫胡瓜。到了十六国时，后赵皇帝石勒因为自己就是胡人（羯族人），所以特别忌讳"胡"字，他制定了一条法令：无论说话写文章，一律严禁出现"胡"字，违者问斩不赦。有一天朝会，汉臣襄国郡守樊坦穿着打了补丁的破衣服上殿，石勒劈头就问："樊坦，你为何衣冠不整就来上朝？"樊坦随口答道："这都怪胡人没道义，把衣物都抢掠去了，害得我只好褴褛来朝。"他刚说完，就意识到自己犯了禁，急忙叩头请罪。朝会后举行"御赐午膳"，石勒故意指着一盘胡瓜问樊坦："卿知此物何名？"樊坦恭恭敬敬地回答道："紫案佳肴，银杯绿茶，金樽甘露，玉盘黄瓜。"自此以后，胡瓜就改称为"黄瓜"。唐代时，黄瓜已经成为南北常见的蔬菜。

茄子又叫昆仑瓜或落苏，原产于印度，大约在西汉时期引种到我国西南地区，魏晋南北朝时期开始在内地引种，隋唐时茄子的种植已经有了很大发展。明代俞宗本托名郭橐驼的《种树书》和《四时纂要》都记载了茄子的种植方法。段成式《酉阳杂俎》说："茄子熟者，食之厚肠胃……僧人多炙之，甚美。"柳宗元也有诗句："珍蔬折五茄。"

西域一些国家在给唐朝的礼品中，也都有奇花异草等植物。唐代比较重要的记载是贞观二十一年（647），通过泥婆罗国引进的波棱菜、酢菜、胡芹和浑提葱。"波棱菜"就是今天特别常见的菠菜。菠菜在印度斯坦语的名称叫"palak"，汉语"波棱"应该是来源于与这个字类似的某种印度方言的译音。菠菜最初可能起源于波斯，所以又称为"波斯草"。孟诜《食疗本草》指出，菠菜利五脏、通肠胃热，解酒毒的特点，认为"北人食肉、面，食之即平；南人食鱼鳖、水米，食之即冷，故多食，冷大小肠也"。酢菜是莴苣属植物的一种西方品种。浑提葱"状如葱而白"，这种葱属植物的名称可能是中古波斯语"gandena"的译音。杜环《经行记》称末禄国蔬菜有"军达"。军达又作"莙达"，是波斯语甜（菾）菜（"gundar"或"gundur"）的译音。这种植物原产于地中海和亚洲西部，可能属于阿拉伯人传到唐朝的保留了波斯语名称的物产。《唐本草》称菾菜"叶似升麻苗，南人蒸鱼食之，大香美"，可知唐朝对这种蔬菜的性状已有了很透彻的了解，而且形成了特殊的食用方法。人们今天耳熟能详的芦荟则是波斯人和阿拉伯人传入的。

正是由于不断地从国外引入新的蔬菜物种，才使得我们今天的蔬菜品种如此丰富。在汉代，由于域外植物的引进，栽培蔬菜已有20多种，6世纪时，《齐民要术》中的蔬菜已经发展到31种，其中冬瓜、越瓜、胡瓜、茄子、瓠、芋、葵、芜菁、菘（即白菜）、芦菔（即萝卜）、蒜、胡荽、薤、葱、韭、蜀芥、芸苔、芥子、芹等19种，至今还在栽培。胡瓜、大蒜、胡荽、芸苔，都是西汉以后引入的。成书于唐末的《四时纂要》按月讨论了瓜、茄、葵、蔓菁、萝卜等

35 种蔬菜的栽培方法。

这些引入的植物，在名称上也有一些反映。如两汉到两晋时期，从陆路引入的种类，多数用"胡"字标明，例如：胡瓜、胡葱、胡荽、胡麻、胡桃、胡椒、胡豆等。南北朝以后，从"海外"引入的，多半用"海"字标明，例如：海棠、海枣、海芋、海桐花、海松、海红豆等。

唐人食用的蔬菜主要包括葵、韭、芹、葱、蕹等五大类蔬菜，按孙思邈《备急千金要方》中记述，具体品种达 40 余种。

唐代最常见的蔬菜是葵，又称冬葵、冬寒菜，是我国古代最重要的蔬菜，曾被称为"百菜之首"。它是汉唐时食用最普遍、最重要的蔬菜，可以说是当时的"当家菜"。储光羲《田家杂兴八首》诗云："满园植葵藿，绕屋树桑榆。" 杜甫《移居公安敬赠卫大郎钧》诗云： "水烟通径草，秋露接园葵。" 白居易《醉中得上都亲友书以予停俸多时忧问贫乏偶乘酒兴咏而报之》诗云："园葵烹佐饭，林叶扫添薪。"汉唐时，葵的品种主要有紫茎葵、白茎葵两种。白茎的品质优于紫茎。此外还有鸭脚葵、蜀葵、防葵等品种。杜甫有诗云："稻米炊能白，秋葵煮复新。谁云滑易饱，老藉软俱匀。"但此秋葵并非今天人们所知的秋葵，它具有宽大的叶片，因为茎叶有黏液的缘故，是种滑嫩的口感，当时会用于汤羹中。

蔓菁，今称大头菜，其根部和叶都近似萝卜和大头芥，唐时名称逐渐统一称为芜菁。种植芜菁的园艺要求比葵粗放，因此唐代种植面积比较大，产量也比较高，一顷地可收叶 30 车，根 200 车，或种子 200 石，叶和根都可以食用。蔓菁可以蒸食或烤食，代替粮食作为主食。蔓菁的根可以切成块、片、丝，既可以做素菜，又可以配荤菜。蔓菁都根和叶都可以用盐腌制，具有独特的香味和口感。

芋，现在叫芋头、毛芋，是一种古老的作物。在汉唐时的饮食中占有很大比重。芋的分布地域比较广泛，南北方均有种植，其中最著名的产区是蜀。芋的吃法，一是煨烤，唐代传奇小说《邺侯外传》载，李泌于衡岳寺读书时，有懒残和尚"发火出芋以啖之"；第二种吃法是蒸煮，唐诗人韦庄有《赠渔翁》诗曰："水甑朝蒸紫芋香"；第三种吃法是做菜，可以用盐腌制，也可以用芋与猪羊肉做成羹。

萝卜，在古代称为芦菔，唐代开始有了萝卜的名字，是人们常见常食的蔬菜。唐代萝卜的吃法，主要是腌制、烹煮、配菜。《食疗本草》说：萝卜可"利五脏，轻身，令人白净肌细"。

另外还有一种很常见的蔬菜，叫作薤。《黄帝内经·素问》把薤列为五菜之一，排在葱、韭之前。到唐代时，薤仍为我国居民的主要蔬菜，"隐者柴门内，畦蔬绕舍秋。盈筐承露薤，不待致书求"。现在这种菜也还有，名字叫"藠头"，但不常见，只在南方部分省市可见。

藕，是南北方都有的一种蔬菜，有荷塘就有藕，当然南方产量更多、品质更好，尤其是苏州产的，最上品的叫伤荷藕，名字的意思是荷叶是甜的，会长虫子，还有一个说法是欲长根先伤叶。

我国古代芹菜多指水芹，为我国原生。旱芹有外域传入，俗称胡芹。唐朝时，这两种芹菜均供食用，但人们主要还是食用水芹。唐朝人非常喜欢吃芹菜，唐朝名相魏征特爱芹菜。唐代《龙城录》里有一则关于魏征与醋芹的轶事：魏征在朝堂上喜欢提意见，且常让皇帝下不了台。有一天，李世民笑着对大臣们说："那个山羊鼻子整天板着脸，不知有什么东西能够让他动心。"李世民身边的侍臣回答："魏征喜欢吃醋芹。"第二天，李世民赐宴，食物中有三杯醋芹。魏征见了，食指大动，宴会还没结束，三大杯醋芹就吃完了。李世民说："你看你看，你说自己没什么喜好，我现在终于见识到了。"被揭短的魏征回答李世民说："皇帝喜欢无为（而不是奢靡无度），臣子自然不敢有什么偏好。我就好这一口（醋芹）罢了。"

唐代蔬菜的品种虽然已经很多，但尚未全然尽如人意，尤其在冬天，即使宫廷之内也不易尝到新鲜的时蔬。所以，野菜恰到好处地装点了唐代人的餐盘。当时，人们最常采食的野菜包括莼、蕨、藜、藿、薇、荠、蓼和马齿苋等。藜与藿往往并称，入口味同嚼蜡，因此被视为贫贱之菜。

莼菜，又名水葵，属水生睡莲科植物，其叶片浮于水面，我国长江以南多野生，春夏采其嫩叶可作蔬菜食用。莼菜本身没有味道，胜在口感的圆融、鲜美滑嫩，并且含有丰富的胶质蛋白、碳水化合物、脂肪、多种维生素和矿物质。"莼菜"的做法，唐人和现代人一样，一般都是做成羹汤。唐诗中有"橘花低客舍，莼菜绕船归""雨来莼菜流船滑，春后鲈鱼坠钓肥"等诗句。

蕨，属蕨类植物，凤尾蕨科，多年生草本，南北荒山中均有生长。幼叶可食，称蕨菜。春荒时期，新生的蕨菜作为天然食物，往往可以帮助人们度过艰难岁月。薇菜，俗名微菜，是豆科植物中的大巢菜，多生于山地，味甘，其蛋白质含量高于同类野菜。《诗经》中"采薇"就是指采野豌豆。荠菜，属十字花科植物，多生于田野及庭园，春季鲜嫩时可食。味道鲜美清香，营养非常丰富。

马齿苋的味道，脆润柔嫩、肥厚多汁，爽滑中略带酸味。如果煸炒或凉拌后食用，此菜中的酸味甚重，因而更适宜做汤，不少地方也用它来下面条。此菜有清热解毒，凉血、止血、止痢之效，享有长寿菜、长命菜的美名。有时，皇宫也食用一些寡味的野菜作为体恤百姓疾苦，体验民间生活的一种方式。唐德宗即位初期，曾经号召众位朝廷官员食用"不设盐酪"的马齿羹。天子既然号令群臣食野菜，本人必然会身先士卒，吃腻了八珍玉食，偶尔尝一下山间野蔌亦别有一番滋味。

除上述的品种外，唐人采食的野菜还有很多，诸如睡菜、水韭、荇菜、苦菜、堇菜、鼠耳、金盘草、回纥草、孟娘菜、四叶菜等。

桃花流水鳜鱼肥

　　原始人就吃鱼肉，所以有"渔猎"一说，也就是捕鱼与狩猎，以鱼或者动物为食物。我国的渔业资源非常丰富，河里有，海里也有。所谓靠山吃山，靠海吃海，海滨的居民下海捕鱼，河边的居民就在河里捕鱼。西安半坡遗址出土的陶器，有一些图画，就是吃鱼的画面，生动地表现了当时人们饮食生活的情景。半坡遗址还出土了鲤鱼骨和许多骨质鱼钩、鱼叉及渔网坠。在辽东半岛的 6000 年前古村落遗址，出土了鲸鱼和鲨鱼骨骼，还有一个 2 公斤的石网坠，说明当时已经能到海洋去捕捞。沼泽和海边、河边的两栖动物，有蚌、蚬、蛤、蚝、螺、贝和龟、鳖等，都是原始人类的食物。在七八千年前的遗址中还发现了螃蟹的遗骸。在殷墟出土的鱼骨有鲻鱼、黄颡鱼、鲤鱼、鲭鱼、草鱼和赤眼鳟 6 种，后 5 种至今仍是中原地区普遍食用的鱼类，鲻鱼则是长江口出产的鱼类。

除了在江河湖海捕鱼外，到周代时已经有了挖池塘养鱼，春秋时的吴越地方开始了真正的淡水养殖业。陶朱公就是主要靠养鱼起家。渔产丰富，并不贵重，所以古人以鱼为常食。《诗经·小雅·无羊》说："牧人乃梦，众维鱼矣，旐维旟矣。大人占之，众惟鱼矣，实维丰年。"《诗经》中提到的鱼有18种之多。他们知道哪种鱼好吃，哪种鱼不好。《郑笺》说："鱼者，庶人之所以养也。今人众相与捕鱼，则是岁熟相供养之祥。"鳖在周时已被视作珍贵食品，贵族也只有在请客时才食用。汉代甲鱼则不甚名贵，街头上就有出售的。

唐时，河湖中的野生鱼类资源很丰富，只要居住地附近有水域，就能享受到吃鱼的乐趣。王昌龄诗说："时从灞陵下，垂钓往南涧。"韦应物诗说："沃野收红稻，长江钓白鱼。"人们对鱼是否鲜活十分看重，买鱼一定要买用网刚打上来还活蹦乱跳的。

唐人常吃鲤鱼。白居易《舟行》有："船头有行灶，炊稻烹红鲤。"唐廷曾一度下令禁止百姓捕食鲤鱼。因为鲤同"李"。鲂鱼又名鳊鱼，唐时食者甚多。武昌江段盛产"团头鲂"，俗名武昌鱼。岑参《送费子归武昌》有："秋来倍忆武昌鱼，梦著只在巴陵道。"鲈鱼，一种栖息于近海，也进入淡水；一种是松江鲈，主要活动于江浙近海和淡水之间。唐人当作鱼中珍品的是指松江鲈。李贺《江南弄》有："鲈鱼千头酒百斛。"白居易诗云："犹有鲈鱼莼菜兴，来春或拟往江东。"白鱼是唐代重要的淡水食用鱼。隋朝人在开始淡水养殖时，白鱼就曾作为首选鱼种。王建《荆门行》："看炊红米煮白鱼，夜间鸡鸣店家宿"；杜甫《汉州王大录事宅作》："催莼煮白鱼"。鳜鱼属于名贵鱼，产量以沿江上下为多。张志和《渔歌子》："西塞山前白鹭飞，桃花流水鳜鱼肥"；元结《雪中怀孟武昌》："烧柴为温酒，煮鳜为作沈"。吴中一带，鳜鱼是居民的日常食物。许浑《湖州韦长史山居》：
"明日鳜鱼何处钓，门前春水似沧浪。"鲫鱼也很常见，唐人把鲫鱼
当作滋补性很强的食物，《酉阳杂俎》续集卷八记载："浔阳有青林
湖鲫鱼，大者二尺有余，小者满尺，食之肥美，亦可止寒热也。"鲇
鱼则属于档次较低的鱼品。《全唐诗》卷三八七卢仝《观放鱼歌》将
鲇鱼与鳗鱼、鳇鱼、黑鱼、泥鳅归于同一类，鳟鱼和鲂鱼则高出它们
一等。银鱼体态短小，生活于近海。杜甫《白小》有："白小群分命，
天然二寸鱼。细微沾水族，风俗当园蔬。入肆银花乱，倾箱雪片虚。
生成犹拾卵，尽取义何如。"唐人将足量的小银鱼当作日常菜肴。

虾在唐代很受欢迎。苏州出产紫虾，味道鲜美。广东地区喜食
活虾。虾生，《岭表录异》说："南人多买虾之细者，生切菜兰香
蓼等，用浓酱醋先泼活虾，盖以生菜，以热釜覆其上，就口跑出，
亦有跳出醋碟者，谓之虾生。"南海海域出产一种巨型龙虾，《岭
表录异》还说："海虾，皮壳嫩红色，就中脑壳与前双脚有钳者，
其色如朱。"

浙江沿海地区海产品十分丰富，不仅有海鱼，还有各种贝螺、
蛤蜊及淡菜，贻贝晒干后的海产品。李贺《画角东城》："淡菜生寒日，
鲥鱼溅白涛。"浙东出产的蛤蜊十分有名。贺知章《答朝士》："钑
镂银盘盛蛤蜊，镜湖莼菜乱如丝。"

唐代时，大量山珍海味以及珍奇异味进入筵席，被制成各种菜肴，
如海产品中的比目鱼、海虾、乌贼、海蟹、海蜇、鲨鱼、玳瑁、鱼唇、
鱼肚、海参；山珍中的野鹿、山鸡、穿山甲、蛇、熊掌和各种鸟类；
甚至一些虫类，像蜂、蟠虫等也成为菜肴的原料。这一时期的名菜中，
脆鱼含肚、炸乌贼、拼水母、炒蜂子、蚁卵酱、酥蟠虫等都是见于记

载的山珍海味。《大业拾遗记》记载，隋代吴郡进献一道名叫"海脕
鱼干鲙"的名菜。其制法是：夏季在海上取四五尺长的脕鱼，去皮取
精肉，切细丝，晒干，装入瓷瓶密封而成。食用时，干鲙用水渍过，
散置盘上如新鲙无别，细切香柔叶铺上，箸拨令调匀进之。以海鱼作
脍，这在菜谱中还是第一次。书中还说，当时有位名厨叫杜济，"能
别味，善于盐梅，亦古之符郎，今之谢讽也"。他曾创制"脕鱼含肚"
的名菜。隋代的海味鱼肚，是我国食用鱼肚的开始。

杜甫在成都居住期间，一日，在河里捞了一条大鱼，他高兴异常，
亲自掌勺，做了这条鱼，邀请朋友们来吃。朋友们一进门，闻得鱼
香扑鼻。纷纷来看，鱼被开膛破肚蒸熟了，葱姜蒜和芡汁烧热浇入鱼
身，碧绿的香菜撒在鱼身上，色美味香，十分诱人，众人纷纷问此道
菜叫什么？杜甫羞涩地说："尚未取名，大家可自行取名。"于是，
众人一边品尝，一边取名：浣溪鱼、草堂鱼、成都鱼、杜甫鱼……
杜甫听了，都不满意，说："我最钦佩五柳先生陶渊明，这鱼背部
有色丝，很像柳叶，不如就叫'五柳鱼'"。众人一听，拍掌大笑，
皆同意其言。从此，"五柳鱼"就成了川蜀名菜。

唐人爱吃螃蟹。皮日休《寒夜文宴得泉字》有："蟹因霜重金
膏溢。"《岭表录异》记载广南有水蟹，"螯壳内皆咸水，自有味"。
黄膏蟹，"壳内有膏如黄酥，加以五味，和壳熘之，食亦有味"。
唐时的螃蟹是比较贵重的水产品。平原郡（今山东境内）进贡的螃蟹，
据段成式《酉阳杂俎》记载，这种蟹是在河间一带捕捉的，很珍贵，
在当时一只价值一百钱。为了保证是活的，每年进贡时都用毡子密
封起来，捆在驿马上速递到京城。

八珍之味

　　肉食是人类主要的蛋白质来源。狩猎时代当然就是上山打野味。但从进入农业社会以后，人们的肉食主要是驯化养殖的动物，从而就形成了畜牧业。畜牧业是和农业一同发展起来的。饲养家畜在新石器时代晚期已逐步成为获取肉食资源的主要方式。

　　春秋战国时期的文献就有了"六畜"的概念。《周礼·地官·牧人》说："牧人，掌牧六牲而阜蕃其物，以共祭祀之牲牷。"此处"牧六牲"包含牛、马、羊、猪、犬、鸡，牧人是选定祭牲的礼官。

　　猪、狗、鸡在东亚本土起源，常见于新石器时代文化遗址，与定居农业生产方式相关。猪、狗、鸡和人一样，是杂食动物，特别容易和人类建立亲密关系。有了这些畜禽，人类才逐渐放弃狩猎采集，进入生产经济时代。

　　驯养的牛和羊在西亚的出现早于东亚数千年，马的最早驯化地

甘肃嘉峪关三国时代古墓畜牧壁画砖

是中亚。牛、马、羊是草原游牧业的基础,这些动物与猪、狗、鸡不同,均可产奶,而奶和奶制品则为游牧生活提供了更加稳定的饮食保障。

最早被驯化的绵羊和山羊起源于伊朗,在距今约 5600—5000 年前,中国最早的家羊出现在甘肃和青海一带,而后逐步由黄河上游地区向东传播。家羊的出现,代表人类开始以草食性动物来开发新的生计资源,表明畜牧业发展到一个新阶段。

黄牛是西亚新石器时代的主要家畜。约在 4500—4000 年前,黄牛最早到达中国西北地区,然后向东扩散。家养黄牛的出现标志着当时家畜饲养业的进步。到了商代，家养的动物是一个非常重要的物资来源。早期养牛，主要是祭祀的贡品和肉食之用。后来到了春秋时代，牛才作为耕作之用。

除了马之外，其他家畜，主要是作为食用，是中国人的主要肉食来源。成语有"庖丁解牛"，孔子说"君子远庖厨"，还有商纣王的肉林酒池，都是说那个时代以家畜做食材的。古人以牛、羊、猪为三牲，祭祀时三牲齐全叫"太牢"，只用羊猪不用牛叫"少牢"。牛最珍贵，比较普遍的肉食是羊肉。古人也吃狗肉，汉代樊哙就是以屠狗为业的。人们吃的家禽有鸡、鸭、鹅，鹅叫"舒雁"，鸭叫"舒凫"。

商周的时候就已经有了许多肉食的做法。《礼记·内则》记载周朝的"八珍"，除了两种米食外，另外 6 种分别是：烧炖乳猪或羊羔、牛柳会扒山珍、香酒牛肉、烘肉脯、三鲜（牛羊猪肉）烩饭、烤网油狗肝。八珍都是周朝王室和贵族的常用菜肴。古时，干肉叫脯，也叫脩，肉酱叫醢。还有肉羹，就是肉汤汁。

但那时的肉食还十分珍贵。《礼记·王制》说："国君无故不杀牛，大夫无故不杀羊，士无故不杀犬豕。"又说："六十非肉不饱。"《孟子·梁惠王上》说："鸡、豚、狗、彘之畜，无失其时，七十者可以食肉矣。"兽肉为贵者、老者之食。所以当时食肉者成了贵族、高官的代名词。《左传》写曹刿论战时，曹刿直称鲁国贵族为"肉食者"。

到了唐代，羊、牛、猪、狗、马等畜类的肉是菜肴的主要原料。在敦煌莫高窟晚唐第 85 窟窟顶东坡的图画中，画面上有一家卖肉的店铺，店内架子上挂满了待售的羊肉，桌子上下也摆满了肉，门前设有两张案子，一张上面放着一只整羊，另一张放着肉块，主人正操刀割肉，案下一只狗在啃着扔下的骨头，另一只狗则抬头仰望着主人。又如，五代第 61 窟南壁的图画中，绘有摆着几块肉的肉案，以及主人正在操刀割肉的场景。莫高窟北周第 296 窟主室南坡的屠宰图，一头牛已经被宰杀，旁边支着一口大镬，正在准备煮肉。

但是，唐代牲畜大多用作农作和运输，一般情况不准宰杀，食肉还是富有和权势的象征，食肉者大多是官宦世族和富裕人家。唐代亲王和高级官员可享受到国家配给的肉类食品。《唐六典》里记载，亲王以下至五品官，每月都有肉可领，二品以上每月羊 20 口，猪肉 60 斤；三品官发羊肉 12 口，没猪肉；四品和五品官每月发羊 9 口。羊肉供应量远高于猪肉。于是，长安城出现了"此地日烹羊，无异我食菜"的景象。

据说，唐朝宰相裴休年轻求学期间，有人将一只鹿送给他的兄长裴俦，裴俦与弟弟裴俅将鹿肉煮好，让裴休一起来吃。裴休说："我们这些穷书生，平时连素菜都吃不饱，今天吃肉，明天该吃什么？不应该改变自己的饮食。"最后，只有他坚持没有吃鹿肉。还有一则故事说，五代后唐刘赞父亲刘玭是县令，刘赞开始读书时，穿的是青布衣衫，每次吃饭时刘玭自己吃肉，而另外让刘赞在床下吃蔬菜。刘玭对刘赞说："肉，是皇上给的俸禄，你如果想吃，就勤奋学习挣得俸禄，我吃的肉不是你能吃的。"因此，刘赞更加努力学习，后来考中进士。吃肉或不吃肉，竟然成了一个励志的故事。更有以进士及第相约为食肉的条件。《新唐书·杨收传》记载，杨牧家贫，因为母亲信奉佛法，杨收自幼不吃肉。其母对他说："俟尔登进士第，可肉食也。"

🌸 敦煌莫高窟第 85 窟窟顶东坡《肉肆图》（晚唐）

过厅羊与太白鸭子

　　肉很珍贵，但"食肉者"们还是以食肉为主，要大吃特吃。

　　在各种肉类中，唐人最爱吃羊肉，所以羊肉是肉食之首。唐太宗的长子李承乾热衷于突厥文化。他设计了一个穹庐状的帐篷，在里面用佩刀割下来烹熟的羊肉大嚼大吃。《清异录》中说，武则天爱吃"冷修羊"，这样的羊肉类似今天的白切羊肉，是将羊肉加香料煮熟，趁热时去骨，将肉块压平，吃时再切薄片。在赐张昌宗冷修羊手札中，武则天说"珍郎杀身以奉国"，"珍郎"指的就是羊，足见她对羊肉的喜爱之情。有人统计《太平广记》中羊肉出现的频率，从吃羊、贩羊、屠羊、养羊、礼事可以看出，羊肉消费渗透在社会生活的方方面面。

　　人们用肉类制作了不少名菜，例如"过厅羊"，是唐代西北名馔，食法是宴会时，厅下现宰一只活羊，宾客自选羊的部位，并系上彩锦做记号，羊蒸熟后，再让客人各自认取，蘸调味品下酒。在敦煌民间文学中也有材料反映当时人们好吃牛羊肉的习俗。如《伍子胥变文》："广杀牛羊，城南宴设，酒有千斛，肉乃万斤。梁王闻吴军欲至，遂杀牛千头，烹羊万口。"在文献中记载的肉类名菜还有蒸全羊、整烤牦牛、野猪胙、驼峰炙、升平炙、五生盘等。炙羊肉（就是现在我们常说的烤羊肉）和水盆羊肉，在当时也是非常受欢迎的。李贺《长平箭头歌》有："左魂右魄啼肌瘦，酪瓶倒尽将羊炙。"五代时期西域蒸全羊传入长安，成为宫廷美味。

唐人吃羊肉有多种烹饪方法，可炒、可蒸，可烤，羊肉成为各种宴会的主角，如李白《将进酒》："烹羊宰牛且为乐，会须一饮三百杯"，戴叔伦《行路难》："白眼向人多意气，宰牛烹羊如折葵"，卢仝《杂兴》："等闲对酒呼三达，屠羊杀牛皆自在"等。在私人家庭餐桌上，也可发现羊肉的身影，如杜甫《送从弟亚赴安西判官》："黄羊饫不膻，芦酒多还醉"。

除了羊肉之外，一些家禽和家畜也会成为唐朝人餐桌上的美味佳肴。鸡、鸭、鹅、猪等动物，在唐代也是人们日常饮食中的家常菜肴。

唐代的肉类食品中，牛肉被当作最佳品种。唐朝政府禁止宰牛，贞观十七年（643）太宗颁诏："牛之为用，耕稼所资，多有宰杀，深乖恻隐。其男子年七十以上，量给酒米面。"但还是有一些牛被宰杀，唐人发明了许多烹饪牛肉的方法。比如《北户录》里的记载："南人取嫩牛头火上燂过，复以汤（烫）毛去根，再三洗了，加酒豉葱姜煮之候熟，切如手掌片大，调以苏膏椒橘之类，都内于瓶瓮中以泥泥过，煻火重烧，其名曰襃。"其做法很复杂，将牛头先烤了，再加上各种酒、豆豉、葱姜煮了，再拌上香料封在大瓮里用泥封口，埋起来点上火慢慢烤。

猪肉，唐人又称之为彘肉、豚肉，是经常食用的食品。隋朝以前，中国人重羊轻猪，因为他们认为猪是肮脏的动物，所以有钱人都不屑去吃，故相比牛羊肉，猪肉是更加平民化的食物。

唐代，烹饪猪肉多用蒸法，"蒸豚搵蒜酱"。除了蒸之外，还有一种做猪肉的方法：把带皮猪肉切成五寸见方，炖熟，再放一升猪油、二升酒、三升盐小火煮半天，然后把它放在瓮里，吃的时候还要再用水煮。猪内脏的烹制方法也很多，仅腰子一项就有焙腰子、盐酒腰子、脂蒸腰子、酿腰子、荔枝腰子等。

唐代禽肉资源主要取自家禽，以鸡、鹅、鸭为多。以鸡、鸭、鹅等禽类制成的名菜也很多。小户人家无不养鸡。农舍田家若有客至，首选是鸡肉。唐人常用"鸡黍"来形容小康饮食。用鸡做成的菜肴有麻饮小鸡头、汁小鸡、焙鸡、煎小鸡、炒鸡、白炸鸡等30多种。唐人喜欢吃鹅肉、鸭肉。炙鹅、蒸鹅、子鹅、青头鸭羹是常见吃法。《烧尾宴食单》上就记载有"葱醋鸡""仙人脔""八仙盘""箸头春""汤浴绣丸""太白鸭子"等。

"太白鸭子"，相传是李白为唐玄宗调制的一道名菜。一向有宏大抱负的李白，并不甘心当一个歌颂升平的御用文人，而是想成为国家的"辅弼"，大展经纶，施展抱负。为此他多次向玄宗暗示，希望能得到皇上的重用。李白为了接近玄宗，宣传自己富国强民安天下的宏论，便投其所好，以美食为媒介，把自己年轻时在四川吃过的一道佳肴焖蒸鸭子，亲手烹制献给玄宗。这道菜是用百年陈酿花雕（黄酒）、枸杞子、三七等，烹调肥鸭一只。由于烹制特殊，

魏晋墓壁画《宰鸡图》

其味道异常香美。玄宗食后大加称赞，召李白询问此菜的奥妙。李白如此这般地大加渲染一番，并借题发挥，以烹调，论治国安邦之道。不料玄宗只对美味佳肴感兴趣，赐名为"太白鸭子"，并命将此菜列入御膳谱中。

但是在唐朝，吃鸡鸭鹅等禽肉在有的时候不算吃"肉"。唐初一度禁止御史到地方时吃肉，但唐初名相马周到地方特别喜欢吃鸡肉，然后就被人告了。唐太宗说："我禁御史食肉，恐州县广费，食鸡尚何与？"意思是我怕铺张浪费所以禁止御史吃肉，但是吃鸡怎么能算吃肉呢？在唐人的眼里，"肉"仅仅指的是畜类，禽类不算作肉类。

唐朝人除了食用家畜家禽之外，还会吃各种野味，各种飞禽走兽，尽是唐人的盘中之餐。

当时还有用虫制作菜肴的风俗。如唐代笔记《岭表录异》说：

"交广溪洞间，酋长多收蚁卵，淘择令净，卤以为酱，或云其味酷
似肉酱，非官客亲友不可得也。" 唐人温庭筠在《乾馔子》记载，
剑南东川节度使解于叔喜欢吃蟠虫，"即浮之微热水中，以抽其尽气，
以酥及五味熬之，卷饼而啖，云其味甚佳"。当时广东、安徽等地一
带流行吃蜂子，蜂子就是"蜂蛹"，做法多是加盐爆干，有的也采用
火燎。

炙、脍、羹、鲊

　　唐代的烹调方法以蒸、煮、烙、烧、煎、炸、烤为主，肴馔主要是炙品、鲙品、脯鲊品、羹臛、菹齑，此外还有素菜与花式菜肴。

　　炙，是汉唐时期菜肴的主要烹调方法之一，一般是指经加工后的原料在火上烧烤，炙品在这时是食用最多的肴馔品种。"炙"是古人对烧烤的统称，具体烤分为三种：一是直接把食物放在炭灰里焐为"燔"；二是用器物把食物串起来架在火上腾空烤为"炙"；三是用泥巴或泥巴拌苇草把食物包起来烤为"炮"。《隋书》中有记载说："今温酒及炙肉，用石炭、柴木、竹火、草木、麻荄火，气味各不同。"可知当时炙肉，对于燃料也开始讲究起来，视不同品种和要求而选用不同燃料，以达到炙的不同风味。唐代炙的品种日益多样化，食用也更为普遍。当时用来"行炙"的有牛、马、驴、羊、鹿、鹅、蛙、鱼、蚝、蚌蛤、蝤蛑、大貊、茄子等。"衣冠家名食"中有"驼峰炙",韦巨源烧尾宴上有"升平炙",懿宗皇帝赐同昌公主有"消灵炙"。《清异录》记载,段成式有一次外出打猎,在一乡村,"主人老姥出藜藿,五味不具。成式食之,有逾五鼎,曰:'老姥初不加意,而珍美如此'。常令庖人具此品,因呼'无心炙'"。段成式在乡间村妇那里居然可以吃到如此美味之炙,可见炙在唐代民间已经很普及。

脍也是汉唐时最常见的菜肴制作方法。脍就是将牛羊肉或鱼切成薄片,既可以熟吃,也可以生吃。成语"脍炙人口",其原始意义就是这里说的脍和炙。

唐代脍的主要原料是鱼。

唐朝有道非常有名的菜——"切脍",就是当今的生鱼片。吃鱼生在中国可追溯到周朝。出土的青铜器"兮甲盘"上的铭文记载,周宣王五年(前823),周师大败猃狁,为了庆祝胜利,大将尹吉甫设宴款待部属张仲等,主菜是"炰鳖脍鲤",也就是烧甲鱼和生鱼片(鲤鱼)。唐朝时,生食鱼鲙变得极其风靡。鱼鲙的特色是鱼丝细腻,肉色鲜亮。生鱼片取新鲜的鱼,或切成片、或切成丝,蘸调料吃,这可是当时的顶级菜肴了。生鱼片不但是宫廷中常见的食品,也是平民的日常菜肴,甚至出游时也会就地取材。唐代的烹饪书《膳夫经手录》中,将适合做脍的鱼进行排序:"脍莫先于鲫鱼,鳊、鲂、鲷、鲈次之。"鲫鱼的鲜美人所共知,只是刺多,完整食用不方便,倒是切成细丝的同时能够挑尽鱼刺。杜甫的诗句"鲜鲫银丝脍,香芹碧涧羹"就是吟咏鲫鱼做成的鱼脍。此外,也有不少诗人吟咏鱼脍,如王维在《洛阳女儿行》诗中写道:"侍女金盘脍鲤鱼";王昌龄的《送程六》诗道:"青鱼雪落脍橙齑";白居易的《轻肥》

诗写道："脍切天池鳞"，又有《松江亭携乐观渔宴宿》写道："朝盘脍红鲤"；晚唐唐彦谦的《夏日访友》诗则有："冰鲤斫银脍"；五代后蜀君主孟昶宠妃花蕊夫人的《宫词》亦写道："日午殿头宣索鲙"。当时著名的脍品，有隋代的"飞鸾脍""天孙脍"，唐代的"丁子香淋脍"，五代时的"缕子脍"。

斫脍水平高超的人，能将鱼肉切得像轻纱一样薄，像丝线一样细，可以说功夫到了出神入化的地步，称"飞刀脍鲤"。《寄吴士矩端公五十韵》有："脍缕轻似丝，香醅腻如织。"善割脍的人，常能由此而接近权贵。《旧唐书·李纲传》记载："有进生鱼于（太子李）建成者。将召饔人作鲙。时唐俭、赵元楷在座，各自赞能为鲙，建成从之。"唐代有一本专门讲究刀工的《砍脍书》，首篇制刀砧，次别鲜品，次列刀法，然后是作料，再然后是烹调手段以及火候掌握，教大家"小晃白""大晃白""舞梨花""柳叶缕""对翻蛱蝶""千丈线"等各种刀法。杜甫曾记录了一次他吃黄河鲤鱼脍的经历。他在《阌乡姜七少府设脍戏赠长歌》写道：

> 姜侯设脍当严冬，昨日今日皆天风。
> 河冻未渔不易得，凿冰恐侵河伯宫。
> 饔人受鱼鲛人手，洗鱼磨刀鱼眼红。
> 无声细下飞碎雪，有骨已剁觜春葱。
> 偏劝腹腴愧年少，软炊香饭缘老翁。
> 落砧何曾白纸湿，放箸未觉金盘空。

段成式《酉阳杂俎·前集》卷四记载，一位叫南孝廉的人精于切生鱼片和生鱼丝，刀工非常好。他切出的鱼片就像绡纱一样轻薄透亮，细如丝缕，轻薄得一阵风都可以吹起来。而且切鱼片的时候，他手起刀落，刀碰砧板的声音如同音乐一般带有节奏。有次南孝廉会客，有意炫技，于是一边切，一边把将要切的鱼捞出架起来，此时忽然暴风大雨骤降，随着一声响雷，切好的鱼片在风中轻盈地飘起，跌宕飞舞，盘旋在空中，化作一只只蝴蝶翩然飞去。南孝廉万万没想到会发生这种事，又惊又怕，从此之后，把切鱼片的刀收藏起来，发誓再也不切鱼片了。

鱼脍晒干后，还能做成一种干的鱼肉丝，称为"干脍"。待到吃的时候，再将它放在水中浸泡，假如方法得当，与新鲜鱼脍的样貌和口感区别不大。有了这种干脍，无论居住是否临近江河湖海，便都能有口福尝鲜了。《大业拾遗记》详载有吴郡的干脍加工法，说隋时吴郡曾贡干脍于隋炀帝。这种松江鲈鱼干脍，配上香柔花叶，就是"所谓金齑玉鲙，东南之佳味也"。

唐朝人吃生鱼片，要用调料，如白居易《和三月三十日四十韵》"鱼鲙芥酱调，水葵盐豉絮"就提到用芥末酱蘸生鱼片。唐人一般生吃鱼脍。在吃之前，调入作料，有蒜齑、豉、芥酱、橙丝等。《隋唐嘉话》引《南部烟花录》记载："南人鱼脍，以细缕金橙拌之，号曰金齑玉脍。"发源于江南，流行于唐代长安，盛行于今日西安的金齑玉脍也强调生鱼片的配料，皮日休《新秋即事》："共君无事堪相贺，又到金齑玉鲙时"是唐诗中唯一描写此菜肴的诗歌。"金齑"是将蒜、姜、盐、白梅、橘皮、熟栗子肉、粳米饭7种配料捣成碎末，用好醋调成糊状。长安人吃鱼片，还要配橘、橙等水果，岑参《送李翥游江外》有："砧净红鲙落，袖香朱橘团"，白居易《盐

商妇》有："何况江头鱼米贱，红脍黄橙香稻饭"。生鱼片配芥末、
金齑等调料，以及橘、橙等水果，是唐代长安城中的美味佳肴。

羹是唐代人们经常食用的一种汤菜。唐玄宗召征李白，"以七
宝床赐食，御手调羹以饭之"。王建《新嫁娘词三首（其三）》说，
民间新嫁娘也是"三日入厨下，洗手作羹汤"，以羹汤的好坏代表
烹饪技艺的高低。羹有许多名目，主要有菜羹、肉羹和鱼羹三大类，
例如有羊羹、鱼羹、虾羹、荠菜羹、香芹羹、蛤蜊羹、鳜鱼臛等。
皇帝赐臣下的有月儿羹、甘露羹，用动物的蹄做的羹，如独蹄羹、
驼蹄羹都是高级羹汤。

《清异录》详细记载了"十遂羹"的制作方法："石耳、石发、
石绦、海紫菜、鹿角、腊菜、天花蕈、沙鱼、海鳔白、石决明、虾魁腊。
右用鸡、羊、鹑汁及决明、虾、蕈浸渍，自然水澄清，与三汁相和，
盐酎庄严，多汁为良。十品不足，听阙，忌入别物，恐伦类杂则风
韵去矣。"

岭南地区还流行一种"不乃羹"，就是用羊、鹿、鸡、猪肉等
连骨熬制的浓汤。唐刘恂《岭表录异》卷上："交趾之人，重不乃
羹。羹以羊鹿鸡猪肉和骨，同一釜煮之，令极肥浓。漉去肉，进葱薑，
调以五味，贮以盆器，置之盘中。"

唐代人们还把羹作为一种食疗品种。据《食医心鉴》记载，水
牛肉羹可以"治小便涩少闭闷"。羊肝羹可"治小便多数，瘦损无力"。
猪心羹可"治产后中风血气拥，惊邪忧患"。猪肾羹可"治产后蓐劳，
乍寒乍热"。猪肝羹可"治产后乳汁不下闭妨痛"。还有一种甘露羹，
据说治疗白发很有效。

脯，是一种具有特殊风味，耐久贮存的干肉，可以用畜、禽、

鱼肉为原料，经切割、漂洗、腌制、挤榨、暴晒或阴干等处理方法
而制成。除一般大众化的脯鲊外，还有鹿脯、蚌肉脯、蜈蚣肉脯等。
著名的脯品有宫廷中的"红虬脯"，《杜阳杂编》记同昌公主家人
所吃的"红虬脯，非虬也，但贮于盘中……高一尺，以箸抑之，无三、
四分，撤即复故"。

鲊，是经过加工制作便于贮藏的鱼类食品，如腌鱼、糟鱼等。
鲊的具体做法是：将鲜鱼洗净，先取肉切片，再撒上盐腌制，腌制
时布裹石压，沥干水，加花椒、莳萝、茴香、砂仁、甘草、葱、姜
等堆叠于容器中，封口倒入置，使其成熟。其特点是：质地紧密，
味甘微酸，有酒香味。隋炀帝视察运河至江都，地方上献食的有各
类鲊，还有腌制的螃蟹。韦巨源《烧尾宴食单》中的"吴兴连带鲊"，
是精美的鲤鲊佳品。白居易《桥亭卯饮》有"就荷叶上包鱼鲊，当
石渠中浸酒瓶"诗句。

唐代还有一道名菜叫"玲珑牡丹鲊"。《清异录》中记述："吴
越有一种玲珑牡丹鲊，以鱼、叶汁成牡丹状，既熟，出盘中，微红
如初开牡丹。"这道菜出自长安，后来还流传到了吴越地区。

还有素食的鲊，如用鲜藕制作的"藕稍鲊"，唐人王建《饭僧》
一诗罗列了招待僧人的几种素食，其中就有浦笋做的"蒲鲊"："蒲
鲊除青叶，芹蒩带紫芽"。诗人皮日休曾经在《奉和鲁望四月十五
日道室书事》诗中写道，他作为朝廷官员，为了准备履行朝仪而依
礼斋戒，所品到的素食"竹叶饮为甘露色，莲花鲊作肉芝香"。

唐人还有一种食用非常普遍的菜馔叫菹蒩。菹就是把动植物原
料用盐、酱、醋等调料腌制，并利用乳酸发酵来加工保存的腌菜，
蒩，表示把腌菜切得很碎。《清异录》卷上有"百岁羹"条说："俗

汉代庖厨画像砖，成都博物馆藏

呼菹为百岁羹。言至贫亦可具；虽百岁，可长享也。"古代举行聚
礼或宴会，餐桌上都少不得菹菜。我国古代最早的腌菜实物在长沙
马王堆出土墓葬中有发现，说明腌菜还是汉代达官显贵、鼎食之家
的餐食必须品，作为美味也用来殉葬。常见的菹菜，有芹菹、蒜菹、
茅菹等。《清异录》卷上，记载一种"翰林菹"，其做法和吃法为：
"用时菜五七种，择去老寿者，细长刀破之，入满瓮，审硬软作汁，
量浅深，慎启闭，时检察，待其玉洁而芳香则熟矣。若欲食，先炼
雍州酥，次下干菹及盐花，冬春用熟笋，夏秋用生藕，亦刀破令形
与菹同。既熟，搅于羹中，极清美。"

第六章

食·之·有·味

五味杂陈

中国人烹调之道，讲究"五味"的配合与均衡。五味即甘（甜）、酸、苦、辣、咸，一道好菜需要五味彼此配合均衡才有味道。食之有味，不仅是舌尖味觉的需要，也是饮食文化的美学要求。

在人类生活史上，盐的使用，是继用火之后的又一次重大突破。盐和胃酸结合，能加速分解肉类食物，促进吸收，对人类体质的进化，是一个积极因素。盐又是调味品的主角，居五味之首，是五味中最重要的一种。没有盐，什么山珍海味都会失色。

早在5000多年前，也就是传说的黄帝时代，山东半岛海滨的凤姓氏族就发明了煮海水制盐。春秋时齐国借滨海之利，发展盐业，因而大富。商周时，除了晒制海盐，还懂得开采岩盐。《吕氏春秋·本味篇》列为中国美食资源之一的"大夏盐"，就是青海的岩盐。

周人用盐已经非常讲究，周王室中有专门掌盐政的盐人。在宴会上，盐被塑造成各种形状，称为"形盐"，摆在桌子上既可调味，又是装饰品，起着点缀席面的作用。《左传·僖公三十年》记载，鲁国设国宴招待周天子派来的使臣周公，席上摆了黑白两种形盐。周公拒不入席，要求撤掉形盐，并指出摆设形盐是招待国君的礼节，他不敢接受。

商周时已经发展起来了制酱业，就是以黄豆（或蚕豆）为主料，加上适量的麦麸、淀粉、盐、糖等配料，利用毛霉菌等作用发酵而成。那时候已经有酱油、豆酱、豆豉，以后的腐乳也是利用毛霉菌发酵制成的。

醢是由肉类制成的酱。醢的种类很多，用不同的肉制成。据史书记载的醢品种有：牛、羊犬、豕、鸡、鹿、麋、雁、鸽、蜗牛等十多种，如此繁杂醢制作，当时已由周代官制中的天官"醢人"专门制作。《周礼·天官》中记载："醢人掌四豆之实，醓醢、蠃醢、蠯醢、蜃蚳醢、兔醢、鱼醢、雁醢"。郑玄解释道："凡作醢者，必先脯乾其肉，乃后莝之，杂以粱曲及盐，渍以美酒，涂置瓶中，百日则成。"制作醢的方法是先把肉晒干，然后切捶得很碎，拌入粱粟和盐，淋入美酒，装入瓮中，酿制百日后即可食用。据说汉代时已有 120 多种。

酱在中国人的餐桌上具有重要地位，孔子就说"不得其酱，不食"。用酱来下饭，用酒来款客，是唐人最平常的饮食举措。唐代宫廷中有"掌醢署"，令一员、丞二员，掌供醢醯之物：鹿、兔、羊、鱼醢；宗庙用菹以实豆，宾客、百官用醢酱以和羹；又有主醢、酱匠、酢匠、豉匠、菹醢匠等属。唐朝军队食品供给，主要由谷米和酱菜组成。酱是当时一项重大开支。李商隐《为荥阳公论安南行营将士月粮状》记载，派遣到安南的将士有 500 人，仅每月酱菜等，一年约用钱 6260 余贯，必须搬滩过海，才能运到。

豉古代称为"幽菽"，也叫"嗜"，是一种用熟的黄豆或黑豆经发酵后制成的食品。豆豉以黑豆或黄豆为主要原料，利用毛霉、曲霉或者细菌蛋白酶的作用，分解大豆蛋白质，达到一定程度时，用加盐、加酒、干燥等方法，抑制酶的活力，延缓发酵过程而制成。豆豉的种类较多，按加工原料分为黑豆豉和黄豆豉，按口味可分为咸豆豉、淡豆豉、干豆豉和水豆豉。唐代豆豉一直广泛使用于烹调之中，成为日常饮食不可缺少的调味品。可用豆豉拌上麻油及其他作料作助餐小菜，用豆豉与豆腐、茄子、芋头、萝卜等烹制菜肴别有风味。

另外一个重要的调味品是酱油。尤其需要注意的是，在饭店酒肆，酱、醋已经端上了餐桌，任食客随意调用。

梅子使用约始于商代，用以获得酸味，使用它清除鱼肉中的腥臊之味。《尚书·说命》说："若作和羹，尔惟盐梅。"可见商代烹饪调料主要是盐和梅。周代就已经发明了醋。周代酿酒时被醋酸菌侵入，酒就变成了醋。商周时称醋为"醯"，周代王室中有"醯人"的官职，是专管制醋的官，还有一个 40 多人的制醋作坊。唐朝时醋是重要的调味品，醋已有多种品类，有米醋、暴米醋、麦醋、暴麦醋、芥醋、桃花醋、五辣醋。出现了以醋作为主要调味的名菜，如葱醋鸡、醋芹等。白居易《东院》云："老去齿衰嫌橘醋，病来肺渴觉茶香。"

醋，在敦煌文书中有时又写作"酢"。寺院在每年的 6 月或春秋二季要酿醋，而且几乎在所有的集体饮食过程中都要用到醋。即使是在僧人亡故的丧事中，也要大量用醋以制作粥。以净土寺为例，

东汉墓壁画《烹饪图》

每年要支出 5 石到 6 石的麸子用于酿醋。一些寺院如自己不酿醋，则在市场上用粟等粮食"沽醋"。

在唐代有几件与醋有关的趣事。一件是：唐太宗曾赐给宰相房玄龄两名歌女，但房玄龄却不敢接受，因为他妻子十分刚烈，如果知道房玄龄纳妾，定然引起一场激烈的争执。太宗便将房玄龄的夫人召进宫，赐了一杯"毒酒"给她，并说："如果你不同意纳妾，那就喝了它自杀吧。"谁料想，房夫人毫无妥协，竟然端起酒杯一饮而尽。不过这是太宗开的一个玩笑，杯中的并非毒酒，而是醋，以试探夫人是否真的刚烈。由此，也诞生了一个词，并沿用至今，即"吃醋"。

另一件事是，《唐国史补》中记载，唐代进士任迪简，曾受刺史李景略的邀请，至军中宴饮。在宴会中，士兵为任迪简斟酒，却不料士兵弄混了，将醋倒给了任迪简，结果一场宴会下来，任迪简喝了十几杯醋，最后吐血晕倒。后来任迪简解释，他之所以强忍着喝醋，是因为不想让士兵被训斥，甚至受到严厉的处罚。李景略被任迪简所感动，觉得他是个能成事的人，便多次向朝廷举荐。再后来，任迪简平步青云，在李景略死后便成了节度使，还被人称之为"呷醋元帅"。

蜜、姜约在春秋时才用于调味。唐朝的调料有常用的花椒、胡椒、豆蔻、桂皮、陈皮。也有些比较复杂的调料，诸如豆豉、豆酱，葱姜蒜。用酒烹饪也屡见不鲜。葱蒜为辛香型蔬菜，人们将它作为肉食的作料。《太平广记》记载长安店家"将肉就釜煮"，然后"料理葱蒜饼食"。唐朝人吃菜离不开蒜，吃鱼要拌蒜，吃肉也要有蒜。他们把蒜加工成蒜齑或蒜酱，吃肉的时候蘸着吃，唐诗里就有"蒸豚揞蒜酱，炙鸭点椒盐"的说法。他们还喜欢用橙子和橙丝调味，吃鱼的时候就放很多橙子酱。

在上层社会餐桌上的精美菜肴，有些是利用昂贵的进口配料制作的。特别流行的是各种添加了香料的香味食品，例如在一种叫作"千金碎香饼子"的食物中，就添加了香料。有些食品则是根据外国传来的食谱制作的，例如在笼屉中蒸制的"婆罗门轻高面"就属于这一类食品。

胡椒是汉代时从西域传入中国的主要香料之一。到唐代时，胡椒已经成为人们烹饪的主要调料。段成式《酉阳杂俎》说："今人作胡盘肉食皆用之"，就是说，胡椒之所以能在唐人的餐盘中风靡，取决于他们"尽供胡食"的饮食喜好。不过那时的胡椒也很贵重，据说大贪官元载事发后被抄家，起获的赃物中竟然有 800 石胡椒，相当于 63 吨还多。

　　还有一种调味品，它的名字在敦煌文书中有时写作"草豉"，有时又写作"草蒔"。这是一种生长在西域的草的籽实，形状类似芝麻，属于烤制饼类食物时的添加物。在吐鲁番出土的文书中也有记载。此"草豉"正是今日新疆一些民族烤馕时添加的一种野生草子，当地叫"斯亚旦"。因为形状与芝麻同，往往被人误认为芝麻。

　　唐代调味品中，乳酪占有重要位置。乳指牛羊马等动物的乳汁，酪是用动物乳汁加工的稠状制品。唐人食酪的现象相当普遍。酪是精炼提纯后的乳制品，是唐代一种极为普遍的调味品。将酪进一步煎炼加工，可以得到酥和醍醐。人们不仅在面点与蔬果中调入乳品，还用它来拌饭，诗人白居易就喜食这种调入乳品的米饭。"稻饭红似花，调沃新酪浆"，酪浆是牛、羊，以及马等动物的乳汁。白居易还喜欢在粥里调入乳制品，"融雪煎香茗，调酥煮乳糜"即可为证。在敦煌文献中有许多关于"酥"的记载，这其实就是奶酪。在敦煌壁画中就有反映挤奶、制奶酪、酥油的场景。如第 146 窟东壁的《挤奶图》，第 321 窟的《制奶酪图》等。莫高窟第 23 窟的《制酥图》中两人在过滤奶，旁边另一人在一个容器中搅动，以使水和奶酪分离，后世将此称作"打酥油"。唐人食用果品，也加乳酪。《唐摭言》记载樱桃宴，每人一小盅樱桃，和以糖酪。唐人进食时，常把盐、酪一类的调味品摆设在餐桌上，随时添加。

　　中国美食素来有"色香味俱全"的传统，盛唐时期，饮食文化的审美倾向愈发突出，烹饪中更注重菜肴的色与形的协调及其中的文化韵味，如，唐代宫廷点心在制作上都有严格的色彩造型要求，天花糕不仅要求具有白花的芳香，还要求有斑斓的色彩，令人赏心悦目，食之松软绵香，回味无穷；水晶龙凤糕则要求糕体白亮如水晶，其上以龙凤呈祥图案加以点缀。这两种点心都是在保证口感味道的同时，提高了点心的外观美感。

　　菜肴制作方面，唐人注重追求外在的形式美与内在的文化韵味的协调统一。花式拼盘的兴起，就是这种追求的结果。花式拼盘大约起源于隋朝，作为宫廷观赏品，只能看不能吃，称为看食。到了唐代，这种看食已经发展成为既可观赏，又能食用的拼盘，开始登上宴席的舞台。韦巨源宴请唐中宗的烧尾宴食单中，有一道"素蒸音声部"的看菜，因为花式拼盘具有较强的审美效果，并能起到渲染气氛、增加喜庆色彩的作用，因此迅速流行开来。发展到后来，花式拼盘一分为二，一种是只看不吃的看菜，如满汉全席中的四看果；另一种是花式拼盘，利用食物本身的色调和线条，拼接出色彩斑斓的图案，突出装饰性的同时，还令人赏心悦目，增加食欲。

制糖技术的引进

　　唐朝时，从印度引进了蔗糖及其制糖工艺，使得唐代饮食平添了几分甜蜜。

　　我国上古时代没有蔗糖。商周时的甜品，《礼记·内则》说："枣、栗、饴、蜜以甘之。"这是当时获得甜味的4个来源。但枣和栗只是作为甜品的配料，蜜和饴才是专用糖源。战国时使用蜂蜜已经很普遍，战国后期已经开始驯养蜜蜂。从2世纪末起就有养蜂和采集蜂蜜的记载。至少自4世纪起，中国南方的市场已有蜂蜜出售。到唐朝，史书记载有19个不同的地区向朝廷进贡蜂蜜，这表明那时蜂蜜的生产和消费已经相当普及。饴糖就是麦芽糖，在西周初年已有记载。《齐民要术》中记载了"白饧""黑饧""琥珀饧"等品种的制作方法，说明熬饴的技术在这时已经成熟。饴糖在中国人的饮食中占有更重要的地位。

　　唐代饴糖还很流行。元日这一天，人们还会准备各色果实，以备除夕守岁消夜。其中最出名的一种，便是胶牙饧。"饧"，古"糖"字。胶牙饧，即用麦芽或谷芽与诸米熬成黏性的软糖。南朝开始，有元旦食胶牙饧的风俗。到了唐宋时期，胶牙饧又成为除夕夜祭祀祖先供奉之物。据北宋人记载："唐岁时有节物，元日则有屠苏酒、五辛盘、胶牙饧。"吃胶牙饧的目的，是强健牙齿，使其不动摇，也就自然有稳固家业、兴盛宗族等吉祥含义。同时，吃胶牙饧也意味着将牙粘住，使牙齿更牢固，不会因年老而脱落，既充满节俗趣味，又体现了古人内心美好的期盼。白居易《岁日家宴戏示弟侄等兼呈张侍御二十八丈殷判官二十三兄》："岁盏后推蓝尾酒，春盘先劝胶牙饧。"《七年元日对酒五首》："三杯蓝尾酒，一碟胶牙饧。"这些说的都是唐代元日吃胶牙饧的习俗。

　　现代用糖是以蔗糖为主，但蔗糖是在唐代以后才发展起来的。印度自古就生产甘蔗，并发展起用甘蔗榨糖的技术，是世界上甘蔗糖的发源地。古代印度制蔗糖的方法，是将甘蔗榨出甘蔗汁晒成糖浆，再用火煎煮，成为蔗糖块。梵文 sakara 又有"石"的含义。印度的"石"糖在汉代传入中国，汉代文献中的"石蜜""西极石蜜""西国石蜜"，指由西域进口的"石"糖。其中"西国""西极"正是梵文 sakara 的对音，而"石蜜"是梵文 sakara 的意译。后来印度的炼糖术有进一步提高：将甘蔗榨出甘蔗汁，用火熬炼，并不断加入牛乳或石灰一同搅拌，牛乳或石灰和糖浆中的杂质凝结成渣，原来褐色的糖浆颜色变淡，经过反复的除杂工序，最后得到淡黄色的砂糖。在印度的佛经中，有许多关于糖的记载。糖在古代印度非常普遍，既是可食的美味，又能入药治病，还可用于宗教仪式。

也许是从印度传入的技术，越南很早就开始从甘蔗提炼蔗糖。张衡《七辩》中说："沙饧石蜜，远国储珍。"三国时期，交趾地区出产的蔗糖输入内地。《三国志·吴书》中记载，吴主孙亮曾使黄门（宦者）取交州所献"甘蔗饧"食用。所谓甘蔗饧，即蔗糖。"甘蔗饧"的形态是一种特意为之的黏稠状，其软柔的特性更能适应人们的食用。

唐贞观年间，王玄策出使印度，带回来专业制糖人员，传授制糖之法。印度制糖法的传入对我国糖业的发展起了重要的作用。唐人不仅学会了印度的制糖技术，而且在此基础上有所提高，制出了比印度蔗糖质量还好的产品。所以说"榨沉如其剂，色味愈西域甚远"。扬州人对糖进行了改进和精加工，实现了制糖技术的飞跃。最早的白糖并不洁净如雪，而是呈淡黄色。后来，优质的中国糖传到印度，被印度人惊叹为"中国雪"。

唐代掌握了先进的制糖技术，蔗糖生产也有了较大的发展，如陆龟蒙《江南秋怀寄华阳山人》诗有"野馈夸菰饭，江商贾蔗饧"句。在药物学著作《千金要方》和《外台秘要》中，砂糖是常用的药物，敦煌残卷孟诜《食疗本草》也著录了砂糖等。这都表明，作为食品或药用的砂糖已经成为市场上常见的货物。

唐玄宗天宝年间，鉴真和尚东渡日本传法，带有各种方物，其中有蔗糖 2 斤多，献给奈良东大寺，并把制糖法传给日本，此后日本才知道了砂糖。

膳祖:一代名厨

　　中国美食，举世公认，烹调技艺历史悠久，源源不绝，中国历史上有许多技艺高超的厨师。第一位名留青史的厨师是商代的伊尹，有"烹调之圣"的美称。他协助商汤推翻了夏朝，建立了商朝，又帮太甲中兴商朝，世人尊其为元圣。著名的"伊尹汤液"传颂千年而不衰，可称之为调羹教授；第二位是春秋时的名厨师易牙，他拿手调味，因此很得齐桓公的欢心；第三位是春秋末年吴国名厨太和公，通晓制造水产品为质料的菜肴，尤以炙鱼出名天下；第四位被称为"中国十大名厨"的，则是唐代的膳祖。

　　膳祖是唐朝穆宗时丞相段文昌的家厨。段文昌对饮食很考究，曾自编《食经》五十章。因他曾被封过邹平郡公，当世人称此书为《邹平郡公食宪章》。段文昌府中厨房题额叫"炼珍堂"，出差在外，住在馆驿，段文昌便把供食的厨房叫"行珍馆"。掌管"炼

山东诸城出土的东汉晚期画像石中的《庖厨图》

珍堂"和"行珍馆"平常作业的即是膳祖，她对质料修治，味道分配，火候文武，无不称心如意。在段府40年间，这位女厨师长从100名女婢中只选中了9名传艺。

段文昌是位美食家。有一次段文昌回老家省亲，当他宴请亲朋好友时，厨师做了许多菜，其中有一道形如发梳，称之为"梳子肉"，块大肉肥，一看就使人腻得慌，几乎无人食用。宴罢，段文昌找到做这个菜的厨师，对他提出了改进的技法。他让厨师将肥肉换成猪五花肋条肉，将炸胡椒换成黑豆豉，并增加葱和姜等作料，然后，段文昌亲自操刀做示范。数日后，段文昌要离别家乡，再次宴请乡亲，厨师照他的指点重做了梳子肉。此菜色泽金黄，肉质松软，味道鲜香，肥而不腻，与上次的梳子肉大相径庭，一端上桌，客人们便争相品尝，不一会儿就被吃光了。人们纷纷问道："这是道什么菜？"段文昌见此菜肉薄如纸，便随口取了个名字"千张肉"。于是，这道菜便渐渐走进了千家万户的餐桌和大小饭店，并经专业人员不断加以改进，一直流传至今。

膳祖烹饪技艺精湛，对菜肴烹制和面点的制作有着独特的天赋。在主持段府厨房多年的精心研制中，得段氏指点，身手更加不凡。

膳祖在原料的选择和治理上，几乎达到了精益求精的地步："笋必选其尖，三汤煨制而用。"即新鲜竹笋只选其尖部最为细嫩之处，用素汤、荤汤、上清汤等3种汤料煨制之后，再取其肉进行烹制。"绿蔬选其核，不可过一宿"，即绿色蔬菜只能选其菜心，并且绝不可以隔夜而烹，必须在当日食用。"菌菇选其匀，不可有恶杂"，要求菌菇、木耳一类的菌类品种，一定要选择个头大小一致、品质上乘，不能有大小、色泽、成色杂乱之感。她还对荤腥原料也做了非常严格的要求，特别是对鸡、鸭、鹅等各种禽鸟类的质量、生长时间都做了严格的规定；对猪、牛、羊等畜兽类的部位、用途也做了统一的要求；而对鱼虾等水产品必求鲜活、凶猛，可谓精挑细选，不可有一疏忽。膳祖还对滋味的调配、火候的掌控都做了严格、详细的规定。

膳祖颇为拿手的菜肴"翡翠冻鸡"做工精细，色泽透明，口感极嫩，为段府厨房的致臻精品。在制作时，先将整鸡放入锅中煮透，然后取出，用油布包裹好，放入井底冷却（冬天放入冷水中），再出骨取肉。将煮鸡的汤加猪大骨、羊蹄等及葱姜料一同煨制多时，用纱布过滤，掺进菠菜汁调匀，把鸡肉下入汤中，盛入方盘，冷却后自然凝固，结成冻状，上桌时可改成各种形状食用，让人非常喜爱。

段文昌的儿子段成式以父荫为秘书省校书郎，官至太常少卿，家中藏书丰富，而且多半是奇篇秘籍。他撰著《酉阳杂俎》，内容涉及范围很广，包括传说、神话、轶闻、野史、民俗、物产等。书中的"酒食"部分，内容主要是记述南北朝及唐代的饮食掌故，还载有一百多种食品原料、调料及酒类、菜肴的名称，并且辑录《食经》等已佚书中所载的菜点做法，其中许多菜品均出自膳祖之手。

五代时还出现一位女名厨，叫梵正，为一个尼姑，她多才多艺，懂绘画、善诗文，同时又是一名厨师，梵正以其烹饪的"辋川小样"而闻名天下。"辋川小样"是20道菜，应该算是冷盘，或者叫凉菜。是以脍、肉脯、肉酱、瓜果和蔬菜为原料雕刻而成，被称为"菜中有山水，盘中溢诗歌"。正因为如此，"辋川小样"应该属于我们今天所说的意境菜。梵正的这20道菜，并非随心所欲，胡乱拼凑，而是依据唐代著名诗人王维在蓝田辋川居住的二十景，以及王维所写的 20 首诗，又借鉴王维为此所作的画而创作的。

开元年间，王维在蓝田县西南买下了宋之问的蓝田别业，经过十多年的精心营建，将其修建成一个可耕、可收、可渔的综合园林，取名为"辋川别墅"。辋川山清水秀，林木苍郁，溪流潺潺，峰峦耸翠，秋冬春夏，变幻莫测，阴晴雨雪，空蒙迷茫。山川钟灵毓秀，并建有华子冈、孔城坳、辋口庄、文杏馆、斤竹岭、木兰柴、宫槐陌等 20 个景区。许多景区的环境之美，意境之雅致，堪比其著名诗句："空山不见人，但闻人语响。返景入深林，复照青苔上。"另外，王维还亲自动手，绘画了辋川二十景，合为著名的《辋川小样图》。梵正经过苦心琢磨，精心构造，运用各种原料，仿造《辋川小样图》，将其拼摆成 20 个不同风格的山水图画，有 20 人同时赴宴，组合成一组辋川实景图，让人惊奇叫绝。宋代陶谷《清异录》载："比丘尼梵正，庖制精巧，用炸、脍、脯、腌、酱、瓜、蔬、黄、赤杂色，斗成景物，若坐及二十人，则人装一景，合成辋川图小样。"

第七章

葡萄与荔枝

唐人的果盘

    唐代，果林园艺技术已达到很高的程度，从城市郊区到广大农村，到处布满人工栽培的果树。许多官宦人家的山庄别墅也开始遍栽果木。寺刹庙宇，亦往往带有果园。大抵可以利用的地面，唐人总会栽植果树。孟浩然《田园作》诗云："弊庐隔尘喧，惟先养恬素。卜邻劳三径，植果盈千树。"农家出产的水果，除自家消费外，大部分通过商贸途径进入饮食市场。《文苑英华》记载一则唐代官府判案，是郑州人运梨到苏州、苏州人运橘往郑州，在徐城水流湍急处相撞索赔的事件。果品是唐人招待客人的必备之物。贵客临门，若不设糕饼茶，则为不敬；到佛寺参谒，寺僧也会准备果盘，供香客食用；即便是君王召见近臣，有时也要摆上果盘，以示恩宠。凡遇到节令喜庆之日，唐人总会摆设果品，以应节俗。

    唐人吃的水果品种已经很多。杜甫《竖子至》诗中"楂梨且

🌸 唐三彩六叶盘，日本天理大学附属天理参考馆藏

缀碧，梅杏半传黄"一句就提及楂、梨、梅、杏等 4 种水果。据《游
仙窟》记载，唐前期常吃的水果有葡萄、甘蔗、枣、石榴、橘子、奈、
瓜、梨、桃等。任大理寺少卿的李直方曾推出一个水果排行榜："以
绿李为首，楞梨为副，樱桃为三，甘子为四，蒲桃为五"，绿李也
就是李子，蒲桃就是现在的葡萄。唐代类书《初学记》"果木部"
共有 12 类：李、奈、桃、樱桃、枣、栗、梨、甘、橘、梅、石榴、
瓜。可见此 12 种水果是当时最为普及的果品。

我国的果树资源丰富，种类繁多，是世界上最大的果树发源中
心。大概在新石器时代中后期，桃、杏、梅、榛子、山楂、栗子已
经能人工培植。商周时代的水果还有海棠、沙果、李子、橘、柚、

木瓜、柿子、樱桃等。周代见诸记载的干鲜果品有数十种，仅在《诗经》中出现的水果就有桃、甘棠、梅、唐棣、李、榛、桑葚、木瓜、栗、杜、苌楚、郁、薁、枣、常棣、枸、苞等。《礼记》《尔雅》中还有山楂、沙果、樱桃、柿子、海棠等。汉代以后，从西域移植的有安石榴、葡萄、玉门枣、胡桃，还有出自瀚海北、能耐严寒的瀚海梨，"霜下可食"的霜桃等。据记载，到唐代，栽培的果树种类有：桃、李、枣、栗、查、棠、杏、柿、柰、梅、柑、橘、橙、枇杷、荔枝、龙眼、椰子、林檎、槟榔、留求子、千岁子、橄榄、安石榴、葡萄、胡桃、波斯枣、扁桃（巴旦杏）、阿月浑子、树菠萝、油橄榄等数十种。

我国是桃的原产地，栽培历史悠久。《诗经·周南》中有"桃之夭夭"的诗句。汉唐时，桃的品种十分丰富，培育出不少优质品种，有襄桃、夏白桃、秋白桃等。于濆《季夏逢朝客》诗云："浐水桃李熟，杜曲芙蓉老。"还有从外国传入的一些珍贵品种。据载，西域的康国出产一种灿黄的桃，"大如鹅卵，其色如金"，被称作"金桃"。《旧唐书》说："唐太宗贞观十一年，从康国入贡，金色形如鹅卵，故有金桃之名。"康国遣使献金桃、银桃，太宗"诏令植之苑囿"。杜甫《山寺》诗云："麝香眠石竹，鹦鹉啄金桃。"

梨鲜嫩多汁、清甜有味，是北方的大宗水果。李颀在《送裴腾》中说："香露团百草，紫梨分万株。"农家种梨，动辄以万株计算，足见其种植面积之广大。李邕《进梨表》写道："紫花开处，擅美春林。缥蒂悬时，迥光秋景。离离玉润，落落珠圆。甘不待尝，脆难胜口。"

从隋唐至五代，梨的品种不断改进，优良品种之梨，层出不穷。著名的有紫梨、含消梨、常山真定梨，还有红梨、棠梨、张梨、山梨、赤梨，还有产于洛阳的张公梨与张公大谷梨、产于四川的广都梨、产于浙江的青田梨等，都是一些优质品种。其中以紫梨为梨中佳品。在唐代，紫梨是适应性最强、分布区域最广的一个品种，从中原到河西走廊、成都平原都有种植。紫梨体型硕大，甜脆多汁。

红梨因其皮颜色微红而得名，在唐诗中亦多次出现。杜甫说："翠柏深留景，红梨迥得霜。"他推荐将红梨经霜后食用，其味更佳。李德裕说："醉忆剖红梨，饭思食紫蕨。"红梨可以解酒，所以醉后最想剖开红梨吃。棠梨果小、味道酸涩，并不味美，杜甫在《病橘》中说："惜哉结实小，酸涩如棠梨。"白居易《寒食野望吟》写道："棠梨花映白杨树，尽是死生离别处。"以此描绘清明情景的寒瑟悲戚。

唐人食梨，除生吃外，还喜欢蒸着吃。贯休诗云："田家老翁无可作，昼甑蒸梨香漠漠。" 梨还可酿酒，白居易《杭州春望》中有一句"青旗沽酒趁梨花"，说的就是人们在青旗门前争买美酒——梨花春。梨还可入药。王建说："细问梨果植，远求花药根。"

奈，俗称沙果、花红、甜子、红果等。三国魏时曹植的《谢赐奈表》写道："即夕殿中虎贲宣诏，赐臣等冬奈一奁，诏使温啖。夜非食时，而赐见及。奈以夏熟，今则冬至。物以非时为珍，恩以绝口为厚，实非臣等所宜蒙荷。"在唐代，奈这种水果很普遍，杜甫《竖子至》诗云："小子幽园至，轻笼熟奈香。"

李子的栽培历史也十分悠久。《诗经》上说："投我以桃，报之以李。"汉唐时，在各种水果中，李子的品种最为丰富，总计约40种。其中黄建李、房陵缥李、朱李最为有名，此外还有麦李、青皮李、绿李、赤李等。《西京杂记》中曾记载："李十五，紫李、绿李、朱李、黄李、青绮李、青房李、同心李、车下李、含枝李、金枝李、颜渊李、出鲁羌李、

田园葡萄纹彩陶罐，约公元前800—前500年，新疆和静县察吾乎4号墓地43号墓出土，新疆维吾尔自治区博物馆藏

燕李、蛮李、侯李。"洛阳嘉庆坊的李子最为有名，称为"嘉庆李"。

白居易《和万州杨使君四绝句·嘉庆李》一诗说：

东都绿李万州栽，君手封题我手开。

把得欲尝先怅望，与渠同别故乡来。

杜甫在成都时，也曾在果园坊觅取绿李果，其在《诣徐卿觅果栽》
诗云：

草堂少花今欲栽，不问绿李与黄梅。

石笋街中却归去，果园坊里为求来。

汉唐时的柑橘品种也很丰富。唐代柑橘的需求量非常大，甚至
连皇宫内也开始种起柑橘。《酉阳杂俎》中有"近日于宫内种甘子
数株"的记载。数株"甘子"竟能结实 150 颗，而且与江南、四川
地区所献"无异"，足以证明当时柑橘之种植技术已经有相当的水准。
柑类中以黄柑见于文献最多。《五代新说》记载，隋文帝喜欢吃柑，
"蜀中摘黄柑皆以蜡封蒂"。唐开元年间荆州也常向朝廷进贡黄柑。
柳宗元到柳州后，一上任就"手种黄柑二百株"。乳柑大约是唐代
培育的新品种，湖州吴兴郡、台州临海郡、洪州豫章郡都向朝廷进
贡乳柑。陈陶《旅泊涂江》诗云："楚国柑橙劳梦想，丹陵霞鹤间
音徽。"

橘类以洞庭湖一带的霜橘最为出名，农书《种树书》记载："南
方柑橘虽多，然亦畏霜，不甚收，惟洞庭霜虽多无损。"陈羽《春
园即事》诗云："霜中千树橘，月下五湖人。"

柑橘虽然好吃，但不易保存。在唐代，为了适应长途运输的需要，
柑橘的包装与保鲜是急需解决的问题。当时流行的做法，主要是用
纸或布将柑橘包裹起来。《大唐新语》中还有一个关于"运输柑橘"

的笑话。益州每年进贡的柑子，都是用纸包裹的。有一位官员认为
将贡物用纸裹不够恭敬，于是改用细布。柑子运走后，他又担心柑
子损坏，忐忑不安。不久，正好有一位名叫甘子布的御使出使益州，
驿骑提前报告："有御使甘子布至。"一听"甘子布"，这位官员
误以为是朝廷派人追查用布裹柑子之事，急忙前去迎候，并反复解
释自己用布裹是为表示敬重。御使莫名其妙，良久之后才了解事情
的原委，众人哄堂大笑。

胡桃，即核桃，原产于波斯北部和陴路支，公元前 10 世纪传
往亚洲西部、地中海沿岸国家及印度。《西京杂记》卷一说，汉武
帝时上林苑始种胡桃："胡桃，出西域，甘美可食。"因此，果外
有青皮肉包裹，其形如桃，故曰胡桃。此果果肉油润香美，十分珍
稀名贵，仅作贡品供皇上食用，故古时称其为"万岁子"。李白有
《白胡桃》诗：

红罗袖里分明见，白玉盘中看却无。
疑是老僧休念诵，腕前推下水晶珠。

安石榴就是我们现在说的石榴，因为原产地是伊朗，当时中国
人把伊朗叫作安息，所以就叫安石榴。其果实为鲜食佳品，石榴皮、
石榴花、石榴根均可入药。最早记载石榴的是东汉中叶李尤《德阳
殿赋》，赋中说，德阳殿的庭院中"葡桃安石，曼延蒙笼"。曹植《弃
妇诗》说："石榴植前庭，绿叶摇缥青。"唐代无名氏《石榴》诗云：
"蝉啸秋云槐叶齐，石榴香老庭枝低。"元稹有诗：

何年安石国，万里贡榴花。

迢递河源道，因依汉使槎。

　　枣的分布非常广泛，有大枣和小枣两大类。小枣产区主要分布在河北、山东两省等环渤海地区。大枣产区以山西、陕西、河南为主，河北、山东两省的非滨海地区，也是大枣的主要产区。河东安邑枣、安平信都大枣都是汉唐时的名品。杜甫《百忧集行》诗云："庭前八月梨枣熟，一日上树能千回。"

　　还有西王母枣，又称仙人枣，也是大枣中的优质品种。《史记·封禅书》记载，李少君对汉武帝说："臣尝游海上，见安期生，安期生食巨枣。"《西京杂记》载有："弱枝枣、玉门枣、西王母枣、青花枣、赤心枣。"这种枣应该也出自西域，北魏杨衒之《洛阳伽蓝记》说："景阳山南，有百果园……有仙人枣，长五寸，把之两头俱出，核细如针，霜降乃熟，食之甚美。俗传云出昆仑山，一曰西王母枣。"

　　"波斯枣"或"千年枣"，唐朝人还知道它的波斯名"窟莽"或"鹘莽"，以及可能是古埃及语译音的"无漏"。天宝五年（746），陀拔思单国曾向唐朝献"千年枣"。史书中没有明确记载这次贡献的千年枣是果实还是植株，但是昭宗时（889—904）人刘恂亲眼见到广州城内种植的枣椰树，他将广州枣椰树的果实与"番酋"带入唐朝的原产地的产品及北方的青枣进行了比较，并携回枣核，尝试在北方种植，但没有成功。《岭表录异》记载："波斯枣，广州郭内见其树，树身无闲枝，直耸三四十尺，及树顶，四向共生十余枝，叶如海棕。广州所种者，或三五年一番结子，亦似北中青枣，但小耳。

自青及黄叶已尽，朵朵着子，每朵约三二十棵。恂曾于番酋家食本国将来者，色类沙糖，皮肉软烂，饵之，乃火烁水蒸之味也。其核与北中枣殊异，两头不尖，双卷而圆，如小块紫矿，恂亦收而种之，久无萌牙。"唐代药物学家对枣椰子补中益气、止咳去痰的性能也已经有了比较详细的了解。

唐代甜瓜栽培技术已经十分成熟，种植也很普遍，在人们的饮食生活中，比一般水果更为普及。孟浩然《南山下与老圃期种瓜》诗中说道："不种千株橘，惟资五色瓜。邵平能就我，开径剪蓬麻。"李峤《瓜》中也说："欲识东陵味，青门五色瓜。"方千《题悬溜岩隐者居》诗云："却用水荷苞绿李，兼将寒井浸甘瓜。"

樱桃自春秋战国时代即已载之于典籍，《礼记》云："羞以含桃，先荐寝庙。""含桃"就是樱桃。杜甫在长安任拾遗时，参加过宫廷的樱桃宴。后来他在四川时，有人送来樱桃请他尝新，他在《野人送朱樱》说："西蜀樱桃也自红，野人相赠满筠笼。"白居易将吴地樱桃之香味、特色介绍得细腻生动："含桃最说出东吴，香色鲜秾气味殊。"杜牧也对樱桃之美味和形状、香气，赞不绝口："新果真琼液，未应宴紫兰。圆疑窃龙颔，色已夺鸡冠。"孟郊《清东曲》诗云："樱桃花参差，香雨红霏霏。"王建《白纻歌二首（其二）》诗云："馆娃宫中春日暮，荔枝木瓜花满树。"

唐太宗的葡萄园

    在从西域引进的植物中，最引人瞩目的是葡萄。唐代诗人李颀《古从军行》写到一句诗："年年战骨埋荒外，空见蒲桃入汉家。"李颀的这首诗表达的意思是，汉武帝年年西征，为的是有异域奇珍供帝王享用。在他说的汉武帝战果之中，就只列出"蒲桃"即葡萄一项，可见在当时人们心目中，引入的西域物产中葡萄具有极高的地位。

    高昌，就是现在的新疆吐鲁番，是汉唐时期的西域重镇，也是丝绸之路上的交通枢纽。对于丝绸之路的繁荣发展，高昌占有重要的地位。汉代的时候，高昌就纳入中原王朝的管辖范围，隶属凉州敦煌郡。五胡十六国时期，高昌乘中原战乱之机，建高昌国，实际上是以中原汉族移民为主体的国家。高昌建国后，一直与中原王朝保持友好的往来。唐贞观四年（630）正月，玄奘西行取经路过高

唐太宗画像

昌王城，受到高昌王鞠文泰的礼遇，并结为兄弟，为玄奘的继续西行提供了很大的帮助。这一年，鞠文泰还曾亲自赴长安觐见唐太宗。但是后来，鞠文泰依附称霸西域的西突厥，阻遏西域各国通过其境向唐入贡，并发兵袭扰归附唐朝的伊吾（新疆哈密）、焉耆（新疆焉耆西南）等国。丝绸之路的畅通受到严重阻挠。贞观十三年（639），唐太宗征召鞠文泰入朝，他竟然称疾不至。

唐太宗大怒，决定派大军铲除

丝绸之路上的这个障碍。唐贞观十四年（640），交河道行军大总管、吏部尚书侯君集率兵开始击灭高昌国的作战。鞠文泰以为唐离高昌有 7000 里之遥，中间还有 2000 里沙漠戈壁，地无水草，气候异常，唐朝不会以大兵相加。然而没想到唐军进展迅速，如神兵天降，很快到达高昌国附近。鞠文泰在惊恐之中去世，鞠文泰的儿子鞠智盛匆忙继承王位，面对唐军的进攻不知所措，而西突厥派往高昌的援军也不战而逃。唐军短时间内就打下了高昌国 22 座城镇，鞠智盛见大势已去，被迫开门出城投降。

唐朝就此灭了高昌国，在其故地设置西州，作为西域都护府的重要基地。灭高昌一战，对于巩固唐朝在西域的掌控，维护丝绸之路的畅通具有重大的战略意义。

高昌一战还有一个意外的收获，就是把高昌特产的马奶葡萄种带回了中原。过去，中原的葡萄品种只从颜色上分为黄、白、黑 3 种。马奶葡萄不仅外形独特，还具有很甜美的味道，质脆爽口，比原先引进的品种都好吃。唐太宗对于这一意外收获特别高兴。长安城外有百亩禁苑除了各种花草树木之外，还开设了梨园、樱桃园等果园，专供皇家各种蔬菜、水果、禽畜。禁苑整个面积比长安城还要大，也就是整个长安城北侧都是禁苑的范围。高昌之战后，唐太宗亲自在长安禁苑中，开辟了两个葡萄园，专门种植马奶葡萄。这个皇家葡萄园后来改作光宅寺，寺中有普贤堂，因尉迟乙僧所绘的于阗风格壁画而闻名。段成式在《寺塔记·光宅坊光宅寺》里记载："本（武则天）天后梳洗堂，葡萄垂实则幸此堂。"

据说，在太宗的皇宫仪鸾殿南还有"蒲桃架四行"。除了从高昌携带回来的之外，还有其他西域国家进献马奶葡萄。《封氏闻见记校注》卷七记载："太宗朝，远方咸贡珍异草木，今有马乳葡萄，一房长二尺余，叶护国所献也。"

当时，长安有一位著名的园丁，叫郭橐驼，人们不知道他起初叫什么名字。他患了脊背弯曲的病，脊背凸起而弯腰行走，就像骆驼一样，所以乡里人称呼他"橐驼"。他对这样的称呼并不反感，也自称"橐驼"。郭橐驼以种树为职业，他种的树都长得高大茂盛，结果实早而且多。凡是长安城里经营园林游览和做水果买卖的豪富人，都争着把他接到家里奉养。马奶葡萄引进后，郭橐驼为种葡萄发明了"稻米液溉其根法"，记载在他的《种树书》里，一时汉地风行。此后，马乳葡萄频繁见于记载。另外还有被称为"龙珠"的圆葡萄，也是这一时期引进的新品种，据说就是唐太宗亲自命名的龙眼葡萄。

皇帝亲自种葡萄，经营葡萄园，达官显贵、文人学士也跟着学，开始种葡萄。种植葡萄成为一种流行于上层社会的雅好。刘禹锡就在家乡经营一个葡萄园，他在《葡萄歌》诗里对葡萄的栽种、管理、施肥、灌溉、收获、加工都有细致的描写。诗中写道：

野田生葡萄，缠绕一枝高。

移来碧墀下，张王日日高。

分岐浩繁缛，修蔓蟠诘曲。

扬翘向庭柯，意思如有属。

为之立长檠，布濩当轩绿。

米液溉其根，理疏看渗漉。

繁葩组绶结，悬实珠玑礧。

马乳带轻霜，龙鳞曜初旭。

有客汾阴至，临堂睁双目。

自言我晋人，种此如种玉。

酿之成美酒，令人饮不足。

为君持一斗，往取凉州牧。

刘禹锡对自己种植的葡萄很得意，自夸"种此如种玉"，还说如果"酿之成美酒，令人饮不足"。韩愈也写了一首关于葡萄的诗《题张十一旅舍三咏·蒲萄》：

新茎未遍半犹枯，高架支离倒复扶。

若欲满盘堆马乳，莫辞添竹引龙须。

韩愈这首诗写于行旅途中，旅舍中的葡萄树经过人们的照顾后正待逢时生长之状。春夏之交，葡萄树上新的枝叶开始生长，但仍未完全复苏，尚有一半的茎条是干枯的。有人为其搭起了高高的架子，又将垂下的枝条扶上去。他希望种葡萄之人能对这株葡萄多加培育、让它结出丰硕的果实。韩愈的这首诗是借物喻事，通过描绘葡萄生长之态，表达自己仕途困顿、渴望有人援引的心情。

唐代，葡萄的种植已经比较普遍，刘禹锡的家乡山西就是葡萄的重要产地。杜甫有一句诗说："一县蒲萄熟"，反映了那时葡萄生产的盛况。但是，作为当时的美味珍馐，葡萄的价格可能很贵，甚至一般的官宦人家也吃不到。有一次，唐高祖李渊请御医们吃饭，饭桌上有一盘葡萄，官员陈叔达拿了一串，捧在手里不肯吃。高祖问他何故，他说："我妈生病了，口干，想吃葡萄，可我买不来，打算把陛下赐的葡萄带给她吃。"高祖一听竟然失声痛哭，说："你真好，还有母亲可以侍奉，我的母亲却已经不在了。"

有一次，太原的李侍中遣人送来马奶葡萄，刘禹锡和朋友们聚在一起品尝分享。这葡萄是又香又甜，大家不住地停杯称赞说，要是拿这葡萄酝酿成美酒，一定会比名酒五云浆更好喝。待到赴宴的最后一位客人到来时，葡萄已经一串也不剩了，以至于早到的客人都觉得难为情。刘禹锡把这件事也写到诗里：

> 鱼鳞含宿润，马乳带残霜。
>
> 染指铅粉腻，满喉甘露香。
>
> 酝成十日酒，味敌五云浆。
>
> 咀嚼停金盏，称嗟响画堂。
>
> 惭非末至客，不得一枝尝。

凡是稀少的东西就珍贵，凡是珍贵的东西，人们就会为它附会许多意向。所以，在唐代，葡萄这一风物也逐渐成为流行时尚。葡萄成为许多锦缎、壁画、铜镜图像等艺术中的常用纹饰图样。唐永泰公主墓壁画中，有宫女穿胡服，腰系蹀躞带，手捧带叶葡萄果盘。葡萄纹也出现在唐人的衣饰上。施肩吾诗云："夜裁鸳鸯绮，朝织葡萄绫。"由葡萄、牡丹、莲花、石榴等花果组合构成的卷草图案，成为唐代具有代表性的图案纹饰。敦煌石窟里唐代的装饰图案有藻井、头光、背光、花边以及人物服饰图案等，而构成这些图案的纹饰形象就包括以葡萄为主的葡萄卷草纹。唐诗中多有对葡萄纹样的丝织品的描述，如"葡萄宫锦醉缠头""葡萄长带一边垂""带襕紫葡萄""蒲桃锦是潇湘底"等。

在艺术造型上也多有葡萄纹饰，唐代葡萄镜尤其是瑞兽葡萄镜，种类繁多，有"天马葡萄镜""海兽葡萄镜""海马葡萄镜"等，流传广泛，影响深远，优美又实用的瑞兽葡萄铜镜成为贵族女子闺阁梳妆必备。在唐诗和文学作品中，也有许多歌咏葡萄或以葡萄为创作题材的诗文。如唐彦谦《咏葡萄》曰："西园晚霁浮嫩凉，开尊漫摘葡萄尝。"表达了一种很惬意的生活理想。

荔枝与贵妃

唐代水果最重要的两种，即是葡萄和荔枝。

荔枝产在南方。三国时张勃《吴录》记载："苍梧多荔枝，生山中，人家亦种之。"苍梧荔枝不仅栽种在山中，而且民居房前屋后或园子里也种植。西晋嵇含《南方草木状》记载："荔枝，树高五六丈余，如桂树，绿叶蓬蓬，冬夏荣茂。青华朱实，实大如鸡子。核黄黑似熟莲子。实白如肪。甘而多汁，似安石榴。有甜酢者，至日将中，翕然俱赤，则可食也。一树下子百斛。"

南越王赵佗曾向汉高祖进贡荔枝。刘歆《西京杂记》载："南越王赵佗献高帝鲛鱼、荔枝。帝报以葡萄锦四匹。"这是中国荔枝进贡最原始的记录。汉武帝时，还曾在长安移植荔枝百株。司马相如的《上林赋》说："卢橘夏熟，黄甘橙楱，枇杷橪柿，亭奈厚朴，楟枣杨梅，樱桃葡萄，隐夫薁棣，答沓离支，罗乎后宫，列乎北园。"其中"离

支"即荔枝，说它从苍梧被移植到长安帝都宫廷的上林苑去栽培。

荔枝朝贡，自汉代起，历代不绝。东汉和帝时桂阳郡临武令唐羌上书天子，称交趾七郡贡送龙眼和荔枝劳苦人民，请求罢黜，和帝同意废止。《后汉书·本纪·孝和孝殇帝纪》记载："自窦宪诛后，帝躬亲万机。每有灾异，辄延问公卿，极言得失……旧南海献龙眼、荔支，十里一置，五里一堠，奔腾险阻，死者继路。时临武长汝南唐羌，县接南海，乃上书陈状。帝下诏曰：'远国珍羞，本以荐奉宗庙。苟有伤害，岂爱民之本。其敕令太官勿复受献。'由是遂省焉。"

两汉时，产于南方的荔枝果实通过驿传系统运送至京师，成为宫廷珍品，并用以赏赐外国。此后之三国魏晋，荔枝、龙眼等水果都是向朝廷的贡品。《南方草木状》还记载龙眼、荔枝、橄榄、柑之类都是贡品。

荔枝，在唐代号称"百果之中无一比"，有百果之王的美誉。由于杨贵妃喜食荔枝，不仅使荔枝闻名于天下，而果农栽种荔枝更形普遍。岭南生产之荔枝，由于天气炎热，故其味甘酸甜，为唐人所爱；每当荔枝大熟丰收之际，岭南居民都能一饱口福。张九龄在《荔枝赋》中说："百果之中，无一可比。"较之其他果品，荔枝最大的特点，是保鲜要求特别高，在北方极为罕见，所以李直方将这种稀罕的水果品第为"寄居之首"。白居易《荔枝图序》作于唐元和十五年（820）夏天，当时白居易任南宾太守。因为有很多人没有见过、更没有尝到过荔枝的味道，所以白居易让人画了一幅《荔枝图》，并且写下了"荔枝生巴峡间，树形团团如帷盖，叶如桂，华如橘，春荣；实如丹，夏熟。朵如葡萄，核如枇杷，壳如红缯，膜如紫绡，瓤肉莹白如冰雪，浆液甘酸如醴酪。"

杜牧《过华清宫绝句三首（其一）》写道：

> 长安回望绣成堆，山顶千门次第开。
>
> 一骑红尘妃子笑，无人知是荔枝来。

这首诗写的是唐代荔枝进贡的事。杨贵妃出生在四川，从小就喜欢吃川东的荔枝。到后来，她发现广西广东的荔枝口味更好，朝廷每年便专门安排岭南地区进贡上好的荔枝供贵妃享用。《唐国史补》说："杨贵妃生于蜀，好食荔枝。南海所生，尤胜蜀者，故每岁飞驰以进。"《新唐书·杨贵妃传》说："妃嗜荔支，必欲生致之，乃置骑传送，走数千里，味未变已至京师。"经过千难万险到达长安时，荔枝依旧清枝绿叶，果实仿佛刚从树上采摘一般。苏轼《荔枝叹》中写道：

> 十里一置飞尘灰，五里一堠兵火催。
>
> 颠坑仆谷相枕藉，知是荔枝龙眼来。
>
> 飞车跨山鹘横海，风枝露叶如新采。

第八章

将·进·酒

杯·莫·停

饮酒之风盛行

在中国人的日常生活中，酒占有特别重要的地位。汉人说："酒者，天之美禄。"所以，自酒产生以来就深为人们喜爱。酒在中国人的生活中无处不在，处处闻酒香。所谓"无酒不成席""煮酒论英雄"，所谓"斗酒诗百篇""酒壮英雄胆"，水浒英雄们"大碗喝酒，大块吃肉"，还有"喝闷酒""借酒浇愁愁更愁"等。

中国人的酒与中国民间习俗、与中国传统文化密切相关。中国人举行婚礼，要喝"喜酒"；婚礼上新郎新娘要向父母和来宾敬酒，双方还要喝交杯酒。一年中的重大节日都有饮酒习俗。如除夕夜要喝"年酒"，祝福新的一年合家安康；五月五端午节喝"雄黄酒"，中药雄黄有祛湿解毒的作用，将雄黄对在白酒或黄酒里，有祛病消灾的用意；中秋节饮酒赏月，喝的是"桂花酒"；九月九重阳节，登高饮酒，喝的是"菊花酒"。

酒还体现了一定的礼仪。《左传》说"酒以成礼"。酒与中国人的日常生活有密切关系。《诗经·豳风·七月》有诗句："八月剥枣，十月获稻。为此春酒，以介眉寿。"用刚刚收获的稻谷酿造好酒，给长辈们祝寿。《诗经·小雅·鹿鸣》说："我有旨酒，以燕乐嘉宾之心。"用美酒和音乐款待宾客。

中国人的酒喝了几千年。酒的发明和农业的起源一样早。在龙山文化和大汶口文化出土了许多酒器。商纣王有"肉林酒池"，你知道他喝的是什么酒吗？商周时期的酒已经有很多种类。有"澄酒"（清酒），是久酿滤去酒糟的米酒；"醴酒"，又称"醪"，是短期酿成的连糟糯米酒；"香酒"，是用郁金香草或香茅草加在米酒利浸泡的酒。战国后期又有桂花酒。

那时候，已经培养出能定向酿酒的大曲，其中筛选出能酿制甜酒的根霉菌制成的小曲，即甜酒曲，直到今天仍为民间所袭用。周代已总结出酿酒的6个要领，就是要求每酿一次酒，用米粮的数量要合适；制造的酒曲要不失时限，不过时，不受污染变质；浸米和蒸米要保持清洁，不沾油腻，不粘异物；泉水要清冽，没有异味；陶甑要没有罅漏；蒸的米饭要恰到好处。

隋唐时期的饮酒之风十分盛行，成为人们日常生活中不可缺少的饮品。不论是朝廷大典、内宫宴筵、祥瑞节令，还是民间婚丧嫁娶、亲朋聚会都离不开酒，而且随着社会物质财富的增加，酿酒业的发展，社会上饮酒之风愈演愈烈。

嗜酒之风在文人中间表现得最为突出。唐代文人大都在思想上狂傲豁达，行为上纵情酒色，放浪不羁。特别是中唐以后，随着社会由盛转衰，许多文人不再立志于"济苍生""安社稷"的政治抱负，而是寻求心境解脱，逃遁纷乱的人世，或者奉佛学道，隐逸山林，或者纵情酒色，置身酒肆歌楼，在美酒佳人中寻求精神的寄托。在当时，身为文人士大夫而不会饮酒是不可思议的事情。文人之间的交往可以说无酒不成诗，无酒不成交。《云仙杂记》记载，元载步入仕途后，开始时不会饮酒，同僚们就采用各种办法强迫他喝，他总是以鼻中闻到酒气就醉加以推辞。其中一位同僚就用针挑破元载的鼻尖，假说挑出一条叫作"酒魔"的虫子。于是，元载从一斗、两斗，直到嗜酒如命，不可收拾。放达自任的杜牧"嗜酒好睡，其癖已痼"。他饮酒大醉后，一睡就是十几天。皮日休"性嗜酒，虽行止穷泰，非酒不能适"，自号"醉士""酒民"。《唐语林》卷七记载，皮日休进士及第，喝得酩酊大醉，枕着新做的衣囊、书籍酣然入睡。张籍诗云："无人不借花园宿，到处皆携酒器行。"《唐摭言》卷三记载，郑光业进士及第参加曲江宴，竟然儿子得病而死也不放下酒杯。杨汝士曾作诗云："当年疏传虽云盛，讵有兹筵醉酕醄。"

白居易嗜酒，称自己为"醉吟先生"。他认为"麦曲之英，米泉之精，作合为酒"。酒可以"变寒为温""转忧为乐""百虑齐息""万缘皆空"，所以，酒有功于世，人可以不食、不寝，不可不饮酒。他在《酒功赞》中说自己"吾尝终日不食，终夜不寝，以思无益，不如且饮"。白居易作诗也离不开酒，每逢良辰美景，或雪朝月夕，或好友相聚，需吟诗作赋时，"必为之先拂酒罍，次开诗箧，诗酒既酣，乃自援琴"，他说自己"饮数杯，兀然而醉，既而醉复醒，醒复吟，吟复饮，饮复醉；醉吟相仍若循环然……陶陶然，昏昏然，不知老之将至"。在白居易的 2800 余首诗中，和饮酒有关系的诗就达 900 余首。

在唐朝，女人饮酒也是常事。武则天有诗云："送酒惟须满"，意思就是女人饮酒时无需谦让，其豪气不输男儿。杨贵妃醉酒便有一种柔美之态，玄宗戏称杨贵妃的醉酒之态是"没有睡醒的海棠花"。杨贵妃不仅能饮酒，她还有独特的解酒之法：每次宿醉，口中发苦，肺部发热，便于清晨在花园中闲逛时，站在花树附近，口吸花枝上的晨露，以此消除口干肺热之感。这种解酒之法，让玄宗赞不绝口。

民间，女子饮酒之风也格外兴盛。如诗人陆龟蒙的夫人，陆龟蒙好酒，其夫人蒋氏也善饮，蒋氏身边的朋友都劝她少饮酒，但她回应道："平生偏好饮，有酒相伴的生活便不会枯燥乏味。"

当时宴饮之风盛行，遇宴必饮酒，酒的名目也非常多。刘昇《奉和圣制送张说上集贤学士赐宴》诗："圣酒千钟洽，仙厨百味陈。"李嶷也有诗云："天厨千品降，御酒百壶催。"立春喝"春酒"，白居易诗云："长洲苑绿柳万树，齐云楼春酒一杯。"中和节饮玄化醇，权德舆诗云："赓歌武弁侧，永荷玄化醇。"千秋节等诞圣节上专门饮用醇酎和"万岁寿酒"，杜甫诗云："舞阶衔寿酒，走索背秋毫。"重阳节则饮菊花酒，上官昭容诗云："却邪萸入佩，献寿菊传杯。"此外，无忧酒、兰醑、翠涛、醽醁、五云浆等都是宫廷筵宴上常饮的名酒。

宫廷筵宴上还流行许多有趣的饮酒习俗。《大业拾遗记》记载，隋炀帝时，作木人长二尺许，乘船行酒。船上一人举酒杯，一人捧酒钵。船绕曲水池随岸而行，每到坐客处即停。客人取杯饮酒，将杯还给木人，捧酒钵人酌酒满杯，船再前行。贞观二十一年（647），太宗大设宴席招待归附的铁勒各部首领，专门在殿前设置了一个巨大的银盆，美酒从殿中源源不断地流到大银盆里，盆中的美酒使铁勒数千人，不饮其半，惊骇万分。

　　用巨盆喝酒还不够刺激，唐玄宗时的虢国夫人又发明了一种新奇的饮酒方法。唐冯云赟《云仙杂记》卷六记载，虢国夫人在屋梁上悬鹿肠，筵宴时使人从屋上注酒于肠中，结其端，欲饮则解开，注之杯中。人们戏称此物为"洞天圣酒将军"。

酒八仙人

　　唐人嗜酒成风，涌现出许多有名的酒友，最著名的被称为"酒八仙人"，他们是贺知章、汝阳王李琎、左丞相李适之、名士崔宗之、苏晋、李白、张旭和布衣焦遂。他们嗜酒、豪放、旷达，集中表现了唐代上自王公宰相，下至文人布衣纵酒狂饮的社会风气。杜甫在《饮中八仙歌》中，以传神之笔描写了他们的风采：

　　　　知章骑马似乘船，眼花落井水底眠。

　　　　汝阳三斗始朝天，道逢曲车口流涎，恨不移封向酒泉。

　　　　左相日兴费万钱，饮如长鲸吸百川，衔杯乐圣称避贤。

　　　　宗之潇洒美少年，举觞白眼望青天，皎如玉树临风前。

　　　　苏晋长斋绣佛前，醉中往往爱逃禅。

　　　　李白一斗诗百篇，长安市上酒家眠。

天子呼来不上船，自称臣是酒中仙。

张旭三杯草圣传，脱帽露顶王公前，挥毫落纸如云烟。

焦遂五斗方卓然，高谈雄辩惊四筵。

　　贺知章是盛唐时期的文坛泰斗，他自号"四明狂客"，性格豁达，嗜酒如命。他曾请李白喝酒，却忘了带钱，于是解下腰间金龟袋充作酒钱，这便是"金龟换酒"典故的由来。杜甫诗中所写贺知章的醉态颇具传奇色彩，写他醉酒后骑马回家，骑在马上摇摇晃晃如同坐船一样，两眼蒙眬，竟然跌到井里去了。令人惊奇的是，跌进井里，竟能在井底高眠，真是醉态传神。

　　李琎是唐玄宗的侄子，封汝阳王。他爱好音乐，善击羯鼓。李琎姿容妍美，是皇族中的第一美男，唐玄宗称他为"花奴"。他虽为皇亲国戚，却酷爱与文人墨客结交，尤其热衷于聚众豪饮。杜甫说他饮酒三斗后才去朝见玄宗，结果醉倒在玄宗脚下。玄宗令人将他架出去，他还喃喃地说："臣以三斗壮胆，不觉至此。"然而，在回府的路上，他看到装有酒曲的车子，又流起了口水，高声嚷着为什么不把他封到酒泉去。据传，他曾取云梦之石砌成春渠，用于蓄酒，在酒渠中放入金银制作的龟鱼作为酒具，用以饮酒取乐。他自称是"酿王"兼"魏部尚书"。

　　李适之曾在天宝年间任左丞相。他为人耿直，"雅好宾友，饮酒一斗不乱，夜则宴赏，昼决公务"。每天他都花费大量的酒钱与宾客们一起豪饮，他酒量很大，豪饮不醉仙态十足。天宝五载（746）被李林甫排挤罢相后，在家仍酒兴未减，常常"乐圣且衔杯"，因好酒而闻名朝野。

南宋·梁楷《李白行吟图》

　　《酒八仙图》

　　崔宗之是吏部尚书崔日用之子，袭爵封为齐国公，与李白志趣相投，交情深厚，他常与李白在一起诗酒唱和，在月夜乘小舟自采石达金陵。他嗜酒，酒醉时，看到庸俗之人，无论势位高低，都以白眼视之，然后抬头看青天，一副傲世嫉俗的样子。崔宗之英俊潇洒，有美少年之称。如今人们常用"玉树临风"来形容人的俊美，此句就是当年杜甫赞美崔宗之的诗句。

　　苏晋是开元年间的进士，历任户部侍郎、吏部侍郎，他笃信佛教，常年吃斋，唯独不肯戒酒。杜甫说他虽然长期在佛前斋戒，但一旦喝起酒来，就立刻把佛门戒律忘得一干二净。

李白号称"醉圣""诗仙""斗酒诗百篇",他相当一部分作品是在醉酒后创作的。李白更是盛赞酒的美妙之处:"钟鼓馔玉不足贵,但愿长醉不复醒。古来圣贤皆寂寞,唯有饮者留其名。"李白希望:"百年三万六千日,一日须饮三百杯。"《本事诗·高逸》记载,一次,唐玄宗与宫人行乐,召李白赋诗。李白已在宁王那里喝得大醉,但仍旧"取笔抒思,略不停缀,十篇立就,更无加点。笔迹遒利,凤跱龙拏。律度对属,无不精绝",写下了著名的《宫中行乐词》。

张旭是唐代著名书法家,尤善草书,有"草圣"之称。据说,张旭与李白一样,热衷于酒后创作,每每大醉,必要挥笔疾书,妙笔生花如有神助,等到醒来,便再也无法复制醉中佳作。

焦遂是一介布衣,但却很有名气,闻名的原因,一是因为他喜欢饮酒,且酒量很大,能饮五斗;二是因为他口才出众。焦遂平时口吃,但令人惊奇的是,他一旦酒醉,却马上变得口才流利、高谈雄辩、妙语连珠,如入无人之境,令在座的人目瞪口呆。

唐代名酒多

　　唐代的酒主要由官营酒坊、民营酒坊和家庭自酿三大渠道来供应。官酒分为御用酒和地方官酒。御用酒是专供皇族或国事使用的酒；地方官酒是各州镇官营酒坊酿出的酒。唐朝建立之初，长安城内就设置有良酝署，委派专职酒务官员，负责朝廷及国事的用酒。主要是为了侍奉祭祀典礼。有记载的御酒有：春暴、秋清、桑落、凝露浆、桂华醑。德宗时，官府开始垄断酒业，控制全国酒类生产，获取利润。贞元二年（786），唐廷开放民营酒业，把榷酒的钱数总额分摊到民营酒户中，又补贴酒户纳榷后的差额。又同时扶持官营酒业，以确保酒利收入。元和期间，官营酒坊弊端百出，要求取消补贴的呼声越来越高。穆宗年间，官营酒业进一步萎缩。官营酒品的质量也比较低劣。

　　市店酒是民营酒坊酿造和售卖的酒。唐代酒户一般都是自产自销，是人们购买及饮用酒品的主要来源。家酿酒主要供自我消费，也馈送亲友。

宫廷里有良酝署，其职责主要是管理"邦国祭祀五齐三酒之事"，具体而言，则"若享太庙，供其郁鬯之酒，以实六彝。若应进者，则供春暴、秋清、酴醾、桑落等酒"。良酝署也需要给皇室酿制春暴、秋清、酴醾、桑落等酒。《南部新书》中记载："新进士则于月灯阁打毬之宴，或赐宰臣以下酴醾。即重酿酒也。"酴醾酒应该是一种经过反复酝酿而成的甜米酒，且在唐朝常常被用来赏赐大臣。阎朝隐《奉和制春日幸望春宫应制》一诗写道："彩胜年年逢七日，酴醾岁岁满千钟。"宋人姚述尧在《水调歌头·酴醾》注中也写道："唐制，寒食日内宴，群臣赐酴醾酒。"

桑落酒最初产于蒲州（今山西永济县），在北魏时期就已经成为名酒。据郦道元《水经注·河水》中的记载，蒲州之地"民有姓刘名堕者，宿擅工酿，采挹河流，酝成芳酎。悬食同枯枝之年，排于桑落之辰，故酒得其名矣。然香醑之色，清白若涤浆焉。别调氛氲，不与它同。兰熏麝越，自成馨逸"。到了唐朝，桑落酒的酿制分为官酿与私酿两种。官酿便是产自良酝署，根据《酉阳杂俎》中的记载，安禄山得宠的时候，唐玄宗就曾赏赐过他桑落酒，可见桑落酒也常常被当作赏赐的物品。

使用谷物发酵，是我国古代传统的酿酒方式，唐代主要是米酒。汉魏以来就有浊酒和清酒之分。一般来说，清酒的酒质好于浊酒。唐朝米酒生产以浊酒为主，工艺较简单，一般人能掌握。浊醪、白醪，都是浊酒。白居易《花酒》有"香醪浅酌浮如蚁"。白酒也是浊酒，因为是用白米酿造。

　　果酒主要是葡萄酒。唐朝在边塞地区，葡萄酒成为军旅中最受欢迎的美酒。太宗起，内地开始种植葡萄，并酿造葡萄酒。荔酒，《岭南荔枝谱》记载一次偶然机会人们发现荔枝酒"芳烈过于椒桂"。

　　配制酒是以米酒为基酒，加入动植物药材或香料，采用浸泡、掺兑、蒸煮等方法加工而成。有药酒、节令酒、香料酒、松醪酒等。

　　唐代酿酒技术有了极大的发展，酒的品种众多，各地产生出种类繁多的名酒，如：石榴酒、松花酒、郫筒酒、黄醅酒、桑落酒、酴醿酒、琼苏酒、屠苏酒、蛮樒酒、松醪酒、竹叶酒、箬下酒、乌程酒、郁金香、五云浆、梨花春、酴醿酒、烧春酒、曲米酒、石梁春、乾和葡萄酒等等，不下几十种。李肇《唐国史补·叙酒名著者》记载，有郢州的富水酒，乌程的若下酒，荥阳的土窟春酒，富平的石冻春酒，剑南的烧春酒，河东的乾和葡萄酒，岭南的灵溪酒、博罗酒，宜城的九酝酒，浔阳的湓水酒，京城长安西市出产的西市腔酒，以及郎官清酒、阿婆清酒和传自波斯的三勒浆酒。此外，还有石榴酒，乔知行《倡女行》有"石榴酒，葡萄浆"句。此酒和葡萄酒一样，在唐代妓院中很流行。"松花酒"，岑参诗说："五粒松花酒，双溪道士家。""郫筒酒"，此酒是四川名酒，用竹管酿酒，兼旬方开，香闻百步。杜甫有诗句"酒忆郫筒不用沽"。"黄醅酒"，"醅"是尚未过滤的酒，此酒在唐代相当流行，白居易诗说："世间好物黄醅酒，天下闲人白侍郎。""五云浆"是唐代一种名贵的有浓香气味的酒。刘禹锡诗说："酿成十日酒，味放五云浆。"

　　在敦煌文献《高兴歌》（又名《酒赋》）中，集中了当时十来种驰名当时的名酒名称，有渌酒、鹅儿黄、鸭头绿、桑落酒、蒲桃酒、清酒、竹叶、九酝、黄花酒、纳面酒、勃桃酒、拨醅酒等，此外，还罗列了历代知名的各种酒器名称，有璎木杯、犀酒角、珊瑚杯、金叵罗、凤凰杯、马脑盏、银盏、莲花杯等。

唐代还流行从西域传入的洋酒，当时号称"三大洋酒"，有高昌的"葡萄酒"，波斯的"三勒酒""龙膏酒"等。"三勒酒"是菴摩勒、毗梨勒、河梨勒3种酒的合称，波斯、阿拉伯医学文献多处记载了"三勒"的入药与入饮，说明其在波斯、阿拉伯地区是比较流行的。三勒浆在唐代是上层社会的一种时尚饮品。《唐国史补》列举了唐朝名酒："又有三勒浆类酒，法出波斯。三勒者谓庵摩勒、毗梨勒、诃梨勒。"

敦煌文献《下女夫词》对答中有这样几句：

> 亲贤明镜近门台，直为多娇不下来。
> 只要绫罗千万匹，不要胡觞数百杯。

其中之"胡觞"，应当是一种从中亚或其他少数民族中传来的酒具和酒品。

葡萄酒是隋唐时期最著名的酒。葡萄酒的酿造，由波斯、埃及经中亚传入新疆，不会迟于西汉。张骞通西域，就向朝廷带回了西域酿造葡萄酒的信息。《史记》和《汉书》里都有关于大宛国出产葡萄酒的记载。此外，龟兹、高昌、焉耆、车师等都有葡萄出产。《太平御览》卷一二五说，龟兹城"胡人奢侈，富于生养。家有蒲萄酒至千斛，经十年不败"。《魏书》也有多处记载，高昌"多蒲萄酒"，焉耆"俗尚蒲萄酒，兼爱音乐"，康居"多蒲萄酒，富家或致千石，连年不败"。

　　葡萄酒在汉代就已经传入中原。有记载说，东汉时，"（孟）佗又以蒲桃酒一斛遗让，即拜凉州刺史。"张让是汉灵帝时权重一时的大宦官，所谓"十常侍"之一，深得汉灵帝的宠信。有一个叫孟佗的人，仕途不通，就倾其家财结交张让的家奴和身边的人，并直接送给张让一斛葡萄酒。当时的一斛，相当于现在的 20 升。他以酒贿官，得凉州刺史之职。这也是当时的官场风气，汉灵帝以帝王之尊，就是以公开卖官出名，他明码标价，所卖官职的价格相当于此官职 25 年的俸禄。凉州居于丝绸之路要道，凉州刺史也是重要的领导岗位。孟佗以一斛葡萄酒就弄到这个官职，可见当时葡萄酒身价之高。这件事让古往今来许多文人学士愤愤不平，刘禹锡诗中说"为君持一斗，往取凉州牧"，就是讽刺这件事。苏轼也曾对这件事感慨地写道："将军百战竟不侯，伯郎一斗得凉州。"将军百战，还不如伯良（孟佗）送一斛葡萄酒啊！

　　到了魏晋及稍后的南北朝时期，葡萄酒的消费有了一定的发展。魏文帝曹丕喜欢喝酒，尤其喜欢喝葡萄酒，他还把自己对葡萄和葡萄酒的喜爱和见解写进诏书，告之于群臣。魏文帝在《诏群医》中写道：

　　　　三世长者知被服，五世长者知饮食。此言被服饮食，非长者不别也……中国珍果甚多，且复为说蒲萄。当其朱夏涉秋，尚有余暑，醉酒宿醒，掩露而食。甘而不饴，酸而不脆，冷而不寒，味长汁多，除烦解渴。又酿以为酒，甘于鞠蘖，善醉而易醒。道之固已流涎咽唾，况亲食之邪。他方之果，宁有匹之者。

魏文帝的这段话常常被人引证，作为葡萄和葡萄酒在中国流传的一个旁证。现在有一些做葡萄酒生意的公司还都拿魏文帝的这个诏书说事。有了魏文帝的提倡和身体力行，使得魏时以及后来的晋及南北朝时期，葡萄酒成为王公大臣、社会名流筵席上常饮的美酒，葡萄酒文化开始兴起。朝廷还用以"赐馈"。《魏书》卷五三《李孝伯传》记载，北魏太武帝时，"诏以貂裘赐太尉，骆驼、骡、马赐安北（刘骏），蒲萄酒及诸食味，当相与同进"，将葡萄酒与貂裘、驼马等一起作为对大臣的赏赐物品。在南北朝时期，文人名士常有歌咏葡萄酒的诗作。陆机在《饮酒乐》中写道：

> 蒲萄四时芳醇，琉璃千钟旧宾。
> 夜饮舞迟销烛，朝醒弦促催人。
> 春风秋月桓好，欢醉日月言新。

庾信在七言诗《燕歌行》中写道：

> 蒲桃一杯千日醉，无事九转学神仙。
> 定取金丹作几服，能令华表得千年。

但是，这种人们品尝的葡萄酒价格特别高，极为珍贵，主要是因为从西域进口。东汉时制作葡萄酒的技术已经传入中国，但并没有得到普及和推广。

太宗亲酿葡萄酒

唐时，高昌之战后，唐军还带回来高昌的葡萄酒酿造技术。唐军破高昌是在 640 年，这也是葡萄酒酿造技术引进中国的年份。唐太宗从高昌国获得马乳葡萄种和葡萄酒法后，亲自参与葡萄酒的酿制。太宗酿成了 8 种颜色的葡萄酒，不仅色泽很好，味道也很好，并兼有清酒与红酒的风味。太宗将自己酿制的葡萄酒赏赐给朝中大臣品尝，"京中始识其味"。

《册府元龟》记载：

葡萄酒，西域有之，前代或有贡献，人皆不识。及破高昌，收马乳葡萄实，于苑中种之，并得其酒法。太宗自损益，造酒成，凡有八色，芳辛酷烈，味兼缇益，既颁赐群臣，京师始得其味。

　　这则记载说明，唐以前西域的葡萄酒已进入皇宫，其后又由唐太宗亲自倡导，学习葡萄酒的酿制技法。此事在文献中多有记载。钱易《南部新书》卷丙说："太宗时，并得酒法，仍自损益之，造酒绿色，长安始识其味。"

　　柳宗元《龙城录·魏征善治酒》一文说："魏左相能治酒，有名曰醹渌、翠涛，常以大金罍内贮盛十年，饮不歇其味，即世所未有。"宰相魏征也参与酿酒的活动，他酿制的葡萄酒有两种，名"醹渌""翠涛"，味道极佳。太宗文有诗赐魏征，称：

　　　　醹渌胜兰生，翠涛过玉薤。

　　　　千日醉不醒，十年味不败。

诗中的"兰生"即汉武帝宫中的百味旨酒，"玉薤"是指隋炀帝时期的名酒，太宗说魏征酿的酒都好过这些名酒。据说魏征故里还有一首民谣：

　　　　天下闻名魏征酒，芳香醇厚誉九州。

　　　　百年莫惜千回醉，一盅能消万古愁。

　　唐代葡萄酒的产地，有今新疆吐鲁番市的西州、甘肃武威市的凉州和山西太原市的并州。西州由故高昌国改设，原就是盛产葡萄酒的地方。凉州地处丝绸之路要道，一直是面向西域的前哨，得领风气之先。元稹《西凉伎》中有：

吾闻昔日西凉州，人烟扑地桑柘稠。

蒲萄酒熟恣行乐，红艳青旗朱粉楼。

　　并州是葡萄的主要产地，葡萄酒酿造也很兴盛，经久不衰。白
居易说到山西的葡萄酒：

　　羌管吹杨柳，燕姬酌蒲萄。

　　银含凿落盏，金屑琵琶槽。

　　遥想从军乐，应忘报国劳。

　　紫微留北阙，绿野寄东皋。

葡萄美酒夜光杯

　　唐朝是我国葡萄酒酿造史上十分辉煌的时期，宫廷里盛行品评葡萄酒。《太平御览》卷九七二记载："《景龙文馆记》曰：四月上巳日，上幸司农少卿王光辅庄，驾返顿后，中书侍郎南阳岑羲设茗饮蒲萄浆，与学士等讨论经史。又曰：大学士李峤入东都祔庙，学士等祖送城东。上令中官赐御馔及蒲萄酒。"这是皇帝向臣下赐酒，以示优宠。太宗在《置酒坐飞阁》诗中写道：

> 高轩临碧渚，飞檐迥架空。
>
> 余花攒镂槛，残柳散雕栊。
>
> 岸菊初含蕊，园梨始带红。
>
> 莫虑昆山暗，还共尽杯中。

武则天也钟爱葡萄酒。武则天与太平公主出游，作《游九龙潭》诗，给予葡萄酒很高的赞美：

> 山窗游玉女，涧户对琼峰。
>
> 岩顶翔双凤，潭心倒九龙。
>
> 酒中浮竹叶，杯上写芙蓉。
>
> 故验家山赏，惟有风入松。

唐玄宗君臣在凉殿里消夏，梨园弟子奏起龟兹乐，胡姬跳起拓枝舞，杨妃"持琉璃七宝杯，酌西凉葡萄酒"。

与此同时，葡萄酒的酿造已经从宫廷走向民间，民间酿造和饮用葡萄酒也十分普遍。长安城有许多酒肆，其中有许多是胡人开的，出售西域进口的葡萄酒，也有许多是本地产的。自称"五斗先生"的王绩不仅喜欢喝酒，还精于品酒，写过《酒经》《酒谱》。他在《过酒家》中写道：

> 竹叶连糟翠，蒲萄带曲红。
>
> 相逢不令尽，别后为谁空。

这是一首十分得体的劝酒诗。朋友聚宴，杯中的美酒是竹叶青和葡萄酒。在唐诗中，还有许多与葡萄酒有关的诗句，如，在白居易的《和梦游春诗一百韵》中有"带襯紫蒲萄，袴花红石竹"句；在《房家夜宴喜雪戏赠主人》中有"酒钩送盏推莲子，烛泪粘盘垒蒲萄"的句子；在《寄献北都留守裴令公》中有"羌管吹杨柳，燕姬酌蒲萄"

的诗句。李白在《对酒》中也写道：

　　蒲萄酒，金叵罗，吴姬十五细马驮。

　　青黛画眉红锦靴，道字不正娇唱歌。

　　玳瑁筵中怀里醉，芙蓉帐底奈君何。

这首诗说，在人们看来，葡萄酒像黄金制的酒器金叵罗一样珍贵，
可以作为少女出嫁的陪嫁。李白还在《襄阳歌》中写道：

　　落日欲没岘山西，倒著接䍦花下迷。

　　襄阳小儿齐拍手，拦街争唱《白铜鞮》。

　　旁人借问笑何事，笑杀山公醉似泥。

　　鸬鹚杓，鹦鹉杯。

　　百年三万六千日，一日须倾三百杯。

　　遥看汉江鸭头绿，恰以葡萄初酸醅。

　　此江若变作春酒，垒曲便筑糟丘台。

　　唐代关于葡萄酒的诗作中，还有著名的《凉州词》，诗人王
翰把葡萄酒、龟兹琵琶和西征的边关勇士连在一起：

　　葡萄美酒夜光杯，欲饮琵琶马上催。

　　醉卧沙场君莫笑，古来征战几人回？

　　边塞荒凉艰苦的环境，紧张动荡的军旅生活，使得将士们很难

得到欢聚的酒宴。这是一次难得的聚宴。酒，是葡萄美酒；杯，则是"夜光杯"。夜光杯也是来自西域的珍品。鲜艳如血的葡萄酒，注满白玉夜光杯，色泽艳丽、华贵。如此美酒，如此盛宴，将士们莫不兴致高扬，准备痛饮一番。正在大家"欲饮"未得之际，马上琵琶奏乐，催人出征，而将士们则坚持要喝完这碗酒，"醉卧沙场君莫笑"，豪气冲天。

　　在众多的盛唐边塞诗中，这首《凉州词》最能表达当时那种涵盖一切、睥睨一切的气势，以及充满着必胜信念的盛唐精神气度。明朝王世贞称此诗为无瑕之璧，为唐人七绝的压卷之作。

笑入胡姬酒肆中

　　除了制作或出售胡食外，胡人在饮食业中经营的项目还有酒店业。当时大量的外国胡商居住在长安、洛阳、广州、扬州等地，"殖资产，开第舍，市肆美利皆归之"。在各种胡人开设的店肆中，有许多酒肆。

　　长安有很多胡人开的酒肆，各家酒楼用葡萄酒招揽各色顾客，用萨珊王朝进口的金杯银盏，或西域特产的琥珀杯、玛瑙杯，祁连山的夜光杯斟满葡萄美酒，又有中亚西亚那些妙龄舞者在悠扬婉转的胡乐伴奏下翩翩起舞，佐酒助兴，全然一派摄人魂魄的异域文化情调。社会上的文人，政府官僚，长安两市的商贾，乃至皇室贵族，军旅将士、男人女士，都成为胡人酒肆的常客。李白《少年行》之二写道：

　　五陵少年金市东，银鞍白马度春风。

落花踏尽游何处，

　笑入胡姬酒肆中。

　　在胡人酒肆中，由年轻
美貌的胡姬服侍饮酒，富有
异国情调和浪漫色彩，成为
一代风尚。"胡姬招素手，
延客醉金尊"，所以称为"胡
姬酒肆"。唐代长安的酒家
中有胡姬侍客，这反映了当
时市井社会风俗不可或缺的
一面。路边酒肆里，浓妆艳
抹的胡姬往夜光杯里倒着葡
萄酒，以她们与"平康三曲"
歌伎不同的风情，令千金公
子、少年游侠神魂颠倒，这
其中，若得少年们"遗却珊
瑚鞭""章台折杨柳"的胡姬，
也一定为数不少。

　　胡人酒肆常设在城门路
边，人们送友远行，常在此
饯行。岑参《送宇文南金放
后归太原寓居因呈太原郝主
簿》诗云："送君系马青门口，

唐彩绘胡服女俑

🐢 北朝时期绿釉饮酒胡人俑，陕西西安南郊草场坡出土

胡姬垆头劝君酒。"到胡肆里饮酒可以欠账，所以王绩《过酒家》
诗说："有客须教饮，无钱可别沽。来时常道贳，惭愧酒家胡。"
酒肆还接受以物换酒，以物品抵押质酒，凭信用赊酒等。以物换酒，
唐诗中多有反映，最著名的要数李白《将进酒》所咏："五花马，
千金裘，呼儿将出换美酒，与尔同销万古愁。"据《杜阳编》所记，
公主的步辇夫曾把宫中锦衣质在了广化坊的一个酒肆中。酒肆中除
了美酒，还有美味佳肴和音乐歌舞。贺朝《赠酒店胡姬》诗生动描
写了胡人酒店中的情景：

胡姬春酒店，弦管夜锵锵。

红毾铺新月，貂裘坐薄霜。

玉盘初脍鲤，金鼎正烹羊。

上客无劳散，听歌乐世娘。

王维诗中也有"画楼吹笛妓，金碗酒家胡"的描写。元稹的"野诗良辅偏怜假，长借金鞍迓酒胡"及"最爱轻欺杏园客，也曾辜负酒家胡"等，都以"酒家胡"作为酒肆的代称。文人学士们"细雨春风花落时，挥鞭直就胡姬饮"，总喜欢到胡人酒肆中饮酒，欣赏胡姬歌舞。唐诗中有不少诗篇提到这些酒店和胡姬。"酒家胡"与"胡姬"已成为唐代饮食文化的一个重要特征。

与此相关的是唐诗中对胡人酒肆中当垆胡姬的描述，杨巨源《胡姬词》称：

妍艳照江头，春风好客留。

当垆知妾惯，送酒为郎羞。

香渡传蕉扇，妆成上竹楼。

数钱怜皓腕，非是不能留。

这首诗描写了春日江边竹楼酒肆中，胡姬待客饮酒的情形。唐诗中这样的描写还很多，如贺朝："胡姬春酒店，弦管夜锵锵"；李白："胡姬貌如花，当垆笑春风"；岑参："胡姬酒垆日未午，丝绳玉缸酒如乳"；施肩吾："胡姬若拟邀他宿，挂却金鞭系紫骝"；温庭筠："金钗醉就胡姬画，玉管闲留洛客吹"等，都将胡姬作为描述的对象。

非酒器无以饮酒

　　中国人喝酒，不仅讲究酒，更注重酒具酒器。"非酒器无以饮酒，饮酒之器大小有度。"酒器不仅是酒的物质载体，亦是古代礼节的一种表现。

　　商代的酒具酒器以青铜器为主。现已发现的最早的铜制酒器为夏二里头文化时期的爵。商周的青铜器共分为食器、酒器、水器和乐器4大部，共50类，其中酒器占24类，分为煮酒器、盛酒器、饮酒器、贮酒器。商代还出现了"长勺氏"和"尾勺氏"这种专门以制作酒具为生的氏族，周代也有专门制作酒具的"梓人"。

　　秦汉之际，在中国南方漆制酒具流行。漆器成为两汉、魏晋时期的主要类型。汉代主要用与盆相近的樽盛酒。汉诗中常提到樽，如"堂上置樽酒""清白各异樽"等。汉代人饮酒一般是席地而坐，酒樽放在中间，里面放着挹酒的勺，饮酒器具也置于地上，故形体

唐三彩胡旋舞纹凤首壶，西安大唐西市博物馆藏　　　　唐蔓草花鸟纹高足银杯

较矮胖。魏晋时期开始流行坐床，酒具变得较为瘦长。

　　樽，作为主要的盛酒器，一直延续到唐代前期，所以唐人诗中也不乏如"相见有樽酒，不用惜花飞""何时一樽酒，重与细论文"之句。在唐墓出土的高士宴乐纹螺钿镜、陕西长安南里王村唐墓壁画《宴饮图》、唐代孙位《高逸图》上都出现了盛酒的樽。法门寺地宫中也出土一件鎏金鸳鸯团花双耳圈足银樽。

　　唐代中叶以前，通常请客饮酒多用樽杓置酒，即在大酒樽中盛满酒，众人在饮酒时各以杓抱酒。白居易《观稼》诗："田翁逢我喜，默起具樽杓。"宋王谠《唐语林·补遗四》有："元和中，酌酒犹用樽杓，所以丞相高公有斟酌之誉。数千人一樽一杓，抱酒而散，了无所遗。"

　　唐代盛酒的容器除酒樽之外还有一种胡瓶。这类胡瓶的造型应

源于萨珊波斯。有人主张酒壶即来自胡瓶。明刘元卿《贤奕编》说:
"今人呼酌酒器为壶餠。按《唐书》太宗赐李大亮胡餠。史炤《通
鉴释文》以为汲水器。胡三省辨误曰:'胡餠盖酒器,非汲水器也。餠、
瓶字通。今北人酌酒以相劝酬者亦曰胡餠。然壶字正当作胡耳。'"
日本正仓院所藏唐代的漆胡瓶,其形制也显然受到了萨珊金银器皿
风格的影响。唐代前期,开始兼用酒樽与胡瓶。洛阳出土的高士饮
宴纹螺钿镜和日本正仓院所藏唐金银平文琴上的图纹中,饮酒者面
前,除酒樽外,都还摆着胡瓶。胡瓶实为中唐以后的酒具注子和偏
提的借鉴,古代的酒注与偏提等物,又是近代酒壶的先型。

中唐时,人们认为用樽盛酒不方便,开始使用装有管状流的酒
注。酒注是中唐以后流行最广的盛酒器。宋李济翁《资暇录》说:
"注子,其形若罂,而盖、觜、柄皆具。大和九年后,中贵人恶其
名同郑注,乃去柄安系,若茗瓶而小异,目之曰偏提。论者亦利其便,
且言柄有碍而屡倾仄。今见行用。"这里说的是文宗时宫廷发生"甘
露之变",事败后,宦官们厌恶事变的主谋郑注之名,不称"注子",
去其柄,用绳提系其梁,形状略如茶壶而稍有差异,改名为"偏提",
俗称"酒鳖子"。长沙唐铜官窑出土多件酒注,上面有"陈家美春
酒""酒温香浓""自入新丰市""唯闻旧酒香"等题字。

唐人饮酒多预先加温,如《北史》记孟信与老人饮,以铁铛温
酒;李白《襄阳歌》"舒州杓,力士铛,李白与尔同死生"句中之铛,
也应是温酒器。温煮器主要是饮酒前对酒进行加热的酒具,如温酒
炉、柱碗等。在唐代,用铛来温酒较为普遍。但温酒与烹茶不同,
酒常用热水间接加温,长瓶是贮酒用的,当时是将贮在长瓶内的酒
先倾入酒注,借注碗内的热水加温,然后斟在台盏中饮用。所谓台

盏，即与酒台子配套之盏。

唐代的酒具也十分讲究。用精美的酒器饮用美味的醇酒，成为唐代人们的赏心乐事。樽、酒注是最主要的两件酒具，使用得相当广泛。其他酒器还有榼、瓮、瓶、杯、盏、盅、酒勺和铛等。在《全唐诗》中，带杯字的词条多达1500余条，是被诗歌提到次数最多的酒器。樽、壶、碗等亦屡次出现在文人的诗作之中。李白笔下的"两人对酌山花开，一杯一杯复一杯""人生得意须尽欢，莫使金樽空对月。天生我材必有用，千金散尽还复来"，白居易的"疏索柳花怨，寂寞荷叶杯""长洲苑绿柳万树，齐云楼春酒一杯"等脍炙人口的名句，都有相关的记述。诗中曾出现酒具还有金叵罗、金盏、金碗、金罍、玉杯、玉缸、玉筋、玉瓶、银瓶、郫筒、流霞杯、紫霞杯、琉璃钟、玻璃碗、鸿鹅构、金屈卮等，种类丰富。

李适之有9件名贵的酒具，即蓬莱盏、海川螺、舞仙、瓠子卮、幔捲荷、金蕉叶、玉蟾儿、醉刘伶、东溟样。这9件酒具都有奇特的功能，如"蓬莱盏"，上雕刻有蓬莱三岛的图案，精美绝伦；"舞仙盏"内装机关，酒满后便有"仙人出舞，瑞香毯子落盏外"。皇室贵族之家所用的酒具更加讲究，有的堪称稀世奇珍。杨贵妃"持玻璃七宝杯，酌西凉州蒲萄酒"。唐玄宗时，"内库有一酒杯，青色而有纹如乱丝，其薄如纸，于杯足上有缕金字，名曰'自暖杯'，玄宗用它饮酒，将酒倒入杯中，就会滚如沸汤，温温然有热气上升"。

从材质上来说，唐朝的酒具分为瓷制酒具、玉石类酒具、金银类酒具和其他材质等几种。唐朝时期，陶瓷发展繁荣，并流行于社会，瓷器开始逐渐取代了其他酒器，成为人们生活中常见的酒具而被普遍使用。瓷制酒器多以瓶、杯、执壶、盏、为主，造型新颖独

特，玲珑别致，尤以壶最受欢迎，在诗中屡有出现，唐太宗曾在《仪
鸾殿早秋》诗中写道："提壶菊花岸，高兴芙蓉池。"唐朝时道教
盛行，而壶在一定程度上成了道教审美意象的体现，"壶中无窄处，
愿得一容身"，将壶视为天地之中心，宇宙之象征。这一时期的唐
三彩堪称陶瓷酒具中的绝佳之作，其基本色调为白、黄、绿，在此
基础上，融入蓝、紫等其他色彩，亮丽明艳。其造型浑圆、色泽鲜艳，
尽显唐代酒具的金碧辉煌的魅力。

唐代玉器也得到很大发展，玉还被应用于酒器的制造上。这一
时期，流传最为广泛的玉质酒具当属玛瑙杯和夜光杯。玛瑙色泽淳
厚、质地光滑，在唐朝广泛流传，深受人们的喜爱。李白的著名诗
句有"兰陵美酒郁金香，玉椀盛来琥珀光"；李商隐也曾赋诗："半
展龙须席，轻斟玛瑙杯"。以玛瑙为依托制造的酒具造型栩栩如生、
质感极佳，同时还会给酒增色，唐代诗人还曾作过《玛瑙杯歌》："含
华炳丽金尊侧，翠罥琼觞忽无色。詹弦急管催献酬，倏若飞空生羽翼，
湛湛兰英照豹斑，满堂词客尽朱颜。"夜光杯以其能在黑暗中发出
幽幽之光的特性而广受人们喜爱。

"琉璃钟，琥珀浓，小槽酒滴真珠红"，"琉璃钟"即玻璃杯。
这句写的是名为"真珠红"的佳酿盛在透明的玻璃杯里，呈现出金
黄的琥珀色。

早在汉代就有从古罗马、波斯传入的玻璃器皿，成为皇室后宫、
达官贵人追逐的珍品，对古代中国社会生活产生了深远的影响。根
据文献及实物发现，可以看到输入的西域玻璃器物款式多样，造型
各异，有瓶、盘、杯、茶盏、碗、珠、盅、球、镜子，以及各种玻
璃饰品、工艺品等。辽宁北票发现十六国北燕贵族冯素弗墓出土了

🌸　唐·胡人持酒瓶陶俑

5件玻璃器，有淡绿与湖蓝色的碗、杯、鸭形水注等，美观精致。其中的鸭形水注淡绿色玻璃质，质光亮，半透明，微见银绿色锈浸。体横长，鸭形，口如鸭嘴状，长颈鼓腹，拖一细长尾，尾尖微残。背上以玻璃条粘出一对雏鸭式的三角形翅膀，腹下两侧各粘一段波状的折线纹以拟双足，腹底贴一平整的饼状圆玻璃。此器重心在前，只有腹部充水至半时，因后身加重，才得放稳。此器造型生动别致，在早期玻璃器中十分罕见。

西方的玻璃制造技术在北魏时传入中国，中国有了自己的玻璃生产作坊，开始成批生产。隋唐时期，中国的玻璃制作技术已经比较成熟。隋唐玻璃器的突出成就表现在陈设品、生活用具玻璃器的制作上，主要是玻璃瓶、玻璃茶具、玻璃杯等。湖北郧县（今郧阳区）李泰墓出土的玻璃瓶是唐代玻璃的代表作，出土有 2 件黄色矮颈瓶、1 件绿玻璃瓶和 1 件绿玻璃杯，这 4 件容器的器型较大，都是典型的中国器型。1987 年陕西省扶风县法门寺地宫出土的 20 余件精美玻璃容器，其中一件玻璃茶碗和一件玻璃茶托子属于同一套茶具，与唐代流行的白瓷茶具在形制上完全一致，应是中国制造的玻璃精品。

唐朝以金银为材质的酒具亦相当普遍。金银制酒具雍容大气、造型精美，所绘图案惟妙惟肖、纹饰明晰，很受上层人士的青睐。李白"蒲萄酒，金叵罗，吴姬十五细马驮"中提及的"金叵罗"，也是一种酒具，可见唐代酒器种类的繁多及盛行。唐代以前中国的金银器皿制造业并不发达，包括外国输入品在内，总共发现者也不过数十件而已。而到了唐代，金银器皿的数量骤然激增，已发表的出土和收藏品已近千件。唐代金银器从器物种类可以分为食器、饮器、容器、药具、日用杂器、装饰品及宗教用器。唐代金银器的工艺技术也极其复杂、精细。当时已广泛使用了锤击、浇铸、焊接、切削、抛光、铆、镀、錾刻、镂空等工艺。唐高祖李渊赐秦琼"黄金瓶"，唐太宗李世民赐李大亮"胡瓶"，即萨珊金瓶或银瓶。唐代金银器制作与使用之盛，不仅限于宫廷、官府，也波及民间的茶楼酒肆。

　　高足杯在社会上层官僚贵族生活中使用非常普遍，银高足杯在洛阳唐墓出土了多件。洛阳博物馆收藏了一件草叶纹高足银杯，高足上有托盘，足为花瓣形，纹饰为草叶纹。洛阳宜阳县张坞乡和伊川水寨也曾出土过银高足杯。多曲长杯也是外来风格明显的器物，器物呈椭圆形，八曲或十二曲，杯腹较浅，有圈足，在萨珊波斯时期非常流行，之后经中亚粟特地区最终传入唐朝。洛阳唐墓曾多次出土多曲长杯，1991 年在洛阳伊川鸦岭乡杜沟村唐后期齐国太夫人墓中就出土了两件双鱼纹四曲金长杯，长杯底部中心有水波纹，双鱼环绕，边饰为宝相花纹。洛阳偃师杏园唐开成五年 (841) 崔防墓中也出土过一件银质四曲长杯。唐代高足杯上的纹样主要是缠枝花草、狩猎和各种动物纹，都是常见于其他种类器物上并为当时人们所习惯和喜爱的纹样。

　　唐代金银器中有为数不少的各式带把杯。唐代长杯忠实模仿了萨珊长杯的多曲特征，但是具有体深、敞口、高足等有别于萨珊波斯器的特点。西安何家村窖藏、沙坡村窖藏、韩森寨出土的金银带把杯，把手呈圆环形，上部有宽宽的指垫，顶面刻胡人头像，把手的下部多带有指鋬，有些器体还呈八棱形，是典型的仿粟特器物。唐人在模仿中时有创新。如有的带把杯取消了指垫和指鋬或把指垫变成叶状，杯体也由八棱折腹变为碗形、花瓣形。

八

饮酒礼仪与酒令

我国古代酒宴排座次是区别尊卑的一种礼俗，东向坐是首席，次者是南向坐，再次者是北向坐，最卑的位置是西向坐。唐代也是如此。诗人王梵志的诗歌中记述了唐代酒席上的规矩和礼节："尊人立莫坐"，是说首座的尊者没有入座前，别人是不能先坐下的；"尊人同席饮，不问莫多言"；巡酒时，先从首席起，后巡之末座，谓之婪尾酒（也称蓝尾酒）；主客饮酒时，侍酒的下人专管斟酒服务，是不能入座的，"尊人对客饮，卓立莫东西。使唤须依命，躬身莫不齐"；酒巡来时必须饮，酒量小的可以少饮，"巡来莫多饮，性少自须监。勿使闻狼狈，教他诸客嫌"；主客赐酒给侍酒的下人是必须喝的，"尊人与酒吃，即把莫推辞"；饮酒时，如客人来到要离席远迎，"坐见人来时，尊亲尽远迎。无论贫与富，一概总须平"。

但唐人聚饮，有的时候不同阶层的人可以平等入座，相互敬劝。

《太平广记》中有客人申屠澄请主人家小女孩来入座的记录。唐人注重"献酬",即敬酒。唐人敬酒,有"蘸甲"的风俗,即敬酒时,用手指伸入杯中略蘸一下,弹出酒滴,以示敬意。唐人喜欢按次序轮流饮酒,每人都要喝,大家都饮一遍,成为一巡。"婪尾",又作"蓝尾",是指巡酒的最后一轮。

主酒之人,称为席纠,又称觥使、酒纠。他们掌管酒令筹具,维持巡酒次序,纠正酒场违纪现象。唐时妓女经常在宴饮上担任酒纠。

行酒令,是宴会上助兴的重要娱乐活动之一,常用于节日聚会和饮宴。行酒令,一般是推一人做令官,其余人轮流按令表演,违令者罚酒,古人把这种酒令看的比军令还大。唐代人宴集很流行行酒令,尤其是在官僚贵族和文人士大夫之间。酒令以多种形式在社会上广泛流传,遍及社会各个阶层,成为社会风俗的一部分。

隋代酒令已有新的形式。如拆字令在隋宫流行:"炀帝于宫中尝小会,为拆字令,取左右离舍之意。时杳娘侍侧,帝曰:'我取杳字为十八日。'杳娘复解罗字为四维。帝顾萧妃曰:'尔能拆朕字乎?不能,当醉一杯。'妃徐曰:'移左画居右,岂非渊字乎?'"此时已有即兴拆字行令,虽然简单了一些。

作为宴席上佐酒行乐的酒令,在唐代品种更加繁富多彩。据唐宋笔记及史书所示,约有20余种。如:改令、骰子令、旗幡令、下次据令、闪拆令、上酒令、手势令、招手令、急口令、拆字令、雅令、鞍马令、抛打令、筹令等。归纳起来,主要有律令、骰盘和抛打3种基本形式。

《醉乡日月》是唐代的一部酒令专著,记载了当时酒令的程序:

立一个人为明府，负责监督，再立律录事负责分配骰子等。明府就是总令官，律录事是总令官的辅佐。律录事需要擅酒令、通音律，还要有超过常人的酒量。

律令，是一种依次巡酒、按规定行令的酒令。一般包括文辞类、言语类的酒令。牛僧孺《玄怪录》记载，睿宗文明年间，竟陵掾刘讽夜投夷陵空馆，见有女郎7人揖让班坐，坐中设犀角酒樽、象杓、绿罽花觯、白琉璃盏，醽醁馨香，远闻空际。一位女郎说出一则《急口令》："鸾老头脑好，好头脑鸾老。"谁说不好即罚酒。一位紫绥姑娘素口纳，连说："鸾老鸾老"，女郎皆大笑。

《游仙窟》故事里有一场酒宴，其中玩的游戏就有一个律令。做酒官的是其中的一个美女，她设了一个令，说要取古诗中的句子，另一个美女起头说："关关雎鸠，在河之洲；窈窕淑女，君子好逑。"她引用的是《诗经》里的诗，而且是讲男女爱情的。张书生立即就对："南有乔木，不可休思；汉有游女，不可求思。"也是《诗经》里的，同样是讲爱情的。还有一场在船上举行的酒宴，当时酒官出了一个令说，既要结合酒宴上的场面，结尾还必须得是一个乐器。起头的人说："远望渔舟，不阔尺八。"接令的立即回道："凭栏一吐，已觉空喉。""尺八"和"箜篌"都是乐器；"远望渔舟"与"凭栏一吐"都应了当时的景。

筹令，也是律令的一种。行令时轮流抽取酒筹，按酒筹上的要求进行活动或饮酒。元稹《何满子歌》中有"何如有熊一曲终，牙筹记令红螺碗"之句。牙筹记令，就是作为筹令之用的酒筹，其上刻有令辞。白居易《同李十一醉忆元九》中有"花时同醉破春愁，醉折花枝作酒筹"的诗句。花枝原可用来作记数之筹，而不能用来作记令之筹，因是醉中，故有"醉折花枝"做记令之酒筹的失态举动。

骰盘令，也叫"头盘令"或"投盘令"，是利用抛采决定饮酒次序的一种形式，往往在其他酒令之前进行，起着活跃酒筵欢乐气氛的作用。唐代皇甫松《醉乡日月》卷三《骰子令》说："大凡初筵，皆先用骰子，盖欲微酣，然后迤逦入令。"骰盘令在唐、五代非常流行，白居易有诗云："鞍马呼教住，骰盘喝遣输。长驱波卷白，连掷采成卢""醉翻衫袖抛小令，笑掷骰盘呼大采"。元稹有诗云："叫噪掷投盘，坐狞摄觥使。"一次，杜牧与张祜去酒肆，杜牧看上了席上的一位美女酒伎，突发奇想，就想看一下人家姑娘的手到底长啥样，就提议玩个骰盘令。结果，姑娘的一双玉手一直藏在袖子里，即使扔骰子的时候也没有伸出来。令杜牧十分失望，随即写诗："骰子逡巡裹手抇，无因得见玉纤纤。"张祜立即说："但知报道金钗落，仿佛还应露指尖。"告诉她钗掉了，她总得伸手拣吧，这样的话，手指尖不就露出来了吗？

抛打令，是一种歌舞化的酒令，约在盛唐时出现，是由豁拳、抵掌、弄手势等发展而成的。抛打令常用香球、花盏。抛打令由动作和歌唱两项内容组合而成，行抛打令时，伴以乐曲，先以香球或花盏回环巡传，待到乐曲急促近杀拍之时，需做有趣的抛掷，将香球和花盏快速地抛给他人，中球或花盏者应持香球或花盏起舞。唐及五代人诗中常有抛打令抛耍香球、花盏的句子，如白居易诗："香球趁拍回环匝，花盏抛巡取次飞""柘枝随画鼓，调笑从香球"；徐铉诗："歌舞送飞球，金觥碧玉筹"。《太平广记》引《冥音录》记载：崔氏女"每宴饮，即飞球舞盏，为佐酒长夜之欢"。

除这三大类酒令外，"手势令"和利用"酒胡子"行酒令的习俗也十分流行。皇甫松《醉乡日月》中就有《手势令》篇,专门总结记载此令。《新五代史·史弘肇传》记载:"他日,会饮章第,酒酣,为手势令。"

酒胡子,是胡人酒肆中发明的酒具。胡人嗜酒,但不讲究酒令,也没有其他劝人饮酒的好办法,于是出现了木偶式的劝酒用具。它的雕镂形貌像胡人一样,碧眼虬发,上轻下重,扳倒后能自动竖立。行酒令时,命人使其旋转,当其旋转停止时,手指向座席上的那位宾客就要据酒令而饮罚酒。此酒具因为形貌像胡人且用手指方向,故又称"指巡胡"。酒宴上,因为它的相貌奇特,不似常人,常常博得人们的欢笑,起着逗乐的作用。元稹《指巡胡》有:"遣闷多凭酒,公心只仰胡。挺身唯直指,无意独欺愚",这便是对宴会上的指巡胡的刻意描述。

从一些出土的唐代文物看,和酒胡有关的酒具也都带有鲜明的胡风。20世纪70年代在西安南郊何家村发现的盛唐金银器皿,其中舞马环杯壶、提梁壶、高足杯、环柄八棱杯等物,都具有波斯风格,是中亚、西亚流行的酒具样式。

唐人的酒宴上的娱乐,还有送酒曲和打令曲。《酉阳杂俎》记载,天宝中有一名处士叫崔玄微,独居于洛阳东。某个风清月朗的春夜,三更之后,忽然来了十余名女子,征得崔玄微同意后,在院中休息。其中有绿裳者姓杨氏、李氏和陶氏,又有绯衣小女姓石名阿措,皆美色殊绝,以致满园芬芳,馥馥袭人。玄微与其一一相见后,众女子坐于月下,各各唱起了送酒曲:

命酒,各歌以送之,玄微志其一二焉。有红裳人与白衣送酒,歌曰："皎洁玉颜胜白雪，况乃青年对芳月。沉吟不敢怨春风，自叹容华暗消歇。"又白衣人送酒，歌曰："绛衣披拂露盈盈，淡染胭脂一朵轻。自恨红颜留不住，莫怨春风道薄情。"

李玫《纂异记》也记有诸妓女与诸江神同席酬唱的故事，又记有穆天子、王母、汉武帝、叶静能、丁令威等人的送酒故事。前一故事说：

> 穆王把酒，请王母歌。以珊瑚钩击盘而歌曰："劝君酒，为君悲。"且吟，曰："自从频见市朝改，无复瑶池宴乐心。"王母持杯，穆天子歌曰："奉君酒，休叹市朝非。早知无复瑶池兴，悔驾骅骝草草归。"
>
> ……
>
> 酒至汉武帝，王母又歌曰："珠露金风下界秋，汉家陵树冷翛翛，当时不得仙桃力，寻作浮尘飘陇头。"汉主上王母酒曰："五十余年四海清，自亲丹灶得长生，若言尽是仙桃力，看取神仙簿上名。"

送酒歌，是相互酬唱，答歌和令歌同依一调。例如白衣人与红裳人所作二首，皆七言四句；穆天子与王母所作二首，皆"三五七七"句式；王母与汉武帝继作二首，亦皆七言四句。送酒采用一人持杯，请另一人歌的方式。酒巡至某人，某人即持杯请歌送酒。因此，它是属于酒令范畴的歌舞。送酒时可歌可舞，舞蹈也往往用先令舞后答舞的形式。例如，江神把酒，太湖神起舞作歌一首，辞为杂言；江神倾杯，自歌舞一首，辞亦为杂言。

关于打令曲，《酉阳杂俎》记载，贞元初年，成都有一名喜欢追逐女色的富豪子弟。某天，他进入一所已荒废的寺庙，经过暗道、洞穴，到达一个"高门崇墉，状如州县"的处所。在这里，他看到了4位女子的酒令歌舞："主人延于堂中，珠玑缇绣，罗列满目。又有琼杯，陆海备陈。饮彻，命引进妓数四，支鬟撩鬓，缥若神仙。其舞杯闪毯之令，悉新而多思。"这段记录说的是一个"游仙窟"（妓馆）主题的故事，同样富于传奇色彩，其中细节也同样可以求证于其他记录。比如敦煌歌辞《十无常》描写"巢云令"说："酒席夸打巢云令，行弄影。"敦煌变文《难陀出家缘起》记述"下次据令"说"饮酒勾巡一两杯，徐徐慢拍管弦催，各（搁）盏待君下次句（据），见了抽身便却回"，可见"舞""闪"是民间酒令的常见动作。而李宣古《咏崔云娘》诗说："瘦拳抛令急，长啸出歌迟。"白居易《江南喜逢萧九彻因话长安旧游》诗说："旧曲翻《调笑》，新声打《义扬》。"施肩吾《云州饮席》诗说："巡次合当谁改令？先须为我打《还京》。"可见所谓"打令"，其典型形式是小舞与小唱。这种酒令来自抛打令，其特征是用香毯花盏抛打。例如白居易诗说："香球趁拍回环匼，花盏抛巡取次飞。""《柘枝》随画鼓，《调笑》从香球。"徐铉《抛球乐辞》说："歌舞送飞球，金觥碧玉筹。"李宣古诗说："争奈夜深抛耍令，舞来接去使人劳。"《太平广记》卷四八九引《冥音录》说："每宴饮，即飞毯舞盏，为佐酒长夜之欢。"进行抛打令的方式：主宾回环而坐，先用香毯、杯盏巡传，以乐曲定其始终。曲急促近杀拍时，有嬉戏性的抛掷，亦有躲闪，而中毯或杯盏者则须手持杯盏香毯起舞。所谓"打令"，最初指的就是巡传香毬杯盏时的抛掷和躲闪。

　　打令经过演化，出现了很多改令。改令的含义是与筵者依次为令主，改换旧令，另拟新令。这是灵活选择游戏规则的行令方式。其中有舞蹈的规则，有唱曲的规则，也有度词的规则，每一规则都包含形式（辞式）上和内容（题材范围）上的令格要求。这样，就造就了种种"令舞"和"著辞"。

第九章

茶：国之举

茶·之·饮

滂时浸俗　盛于国朝

　　茶是一种饮品，所谓"柴米油盐酱醋茶"，就是日常生活所必需，是中国人最喜欢的饮品。只要有一壶茶，中国人到哪儿都是快乐的。茶又是一种艺术，一种文化，所谓"琴棋书画诗酒茶"。茶是文人的雅趣，是中国人礼仪文化的一部分。

　　茶是世界上最大众化、最受欢迎、最有益于身心健康的饮料。中国是世界上最早发现茶树和利用茶树的国家，是世界茶文化的发祥地。茶树是最早为中国人所发现、最早为中国人所利用、最早由中国人所栽培的，历史悠久。

　　中国的西南地区是茶树的原产地。古代文字记载表明，我们的祖先在3000年前已开始栽培和利用茶树，云南地区有世界上树龄最长的野生古茶树。茶的起源肯定还早得多。陆羽的《茶经》中说："茶者，南方之嘉木也，一尺、二尺乃至数十尺，其巴山、峡川有

宣化辽墓壁画《备茶图》

两人合抱者"，并说："茶之为饮，发乎神农氏。"不过，在当时
并没有把茶作为饮料，而是当作一种药材使用的，如"神农尝万草，
日遇七十二毒，得荼而解之"，这里的"荼"就是指"茶"。早期
的"荼"，泛指诸类苦味野生植物性食物原料。

人们在生活实践中逐渐认识到了茶叶独有的特性，色味清香，去
暑解渴，兴奋减眠等。据记载，茶的真正被利用是在武王伐纣时，得
巴蜀之师之后的四川。晋常璩撰《华阳国志》称："南安（今四川乐
山）、武阳（今四川彭山）皆产名茶。""周武王伐纣，实得巴蜀之
师……土植五谷，牲具六畜，桑、蚕、麻、纻、鱼、盐、铜、铁、丹、
漆、茶、蜜……皆纳贡之。"清代学者顾炎武在《日知录》里考证：
"自秦人取蜀之后，始有茗饮之事。"到西汉时，茶已作为一种商品
在市场上出售。四川成都已经成为茶叶的集散中心和消费中心。两晋

时期，江南一带，"做席竟下饮"，文人士大夫间流行饮茶，民间亦有饮茶。西晋文士杜毓为茶作赋，把茶、酒、瓷器相提并论，视为人们日常生活的用品。南北朝时期，帝王公卿、文人道流，茶风较晋更浓。

隋唐五代时期的饮茶之风远胜过前代，真正成为一种社会风俗。到唐代，茶树的种植已遍及南方各省，并且已研制出 20 多个品种，如：仙人掌茶、蜀冈茶、剡溪茶、茶岭茶、紫笋茶、蒙顶茶、黄芽茶、雅山茶、鸟嘴茶、碧涧茶、明月茶、芳蕊茶、茱萸茶、夷陵茶、石廪茶、紫阳茶、方山茶、天柱茶、团黄茶、阳羡茶、天目茶、鸠坑茶、举岩茶、昌明茶、兽目茶、武夷茶等。今安徽省的祁门县和浙江省的湖州市，已成为当时著名的产茶区。唐代的茶叶产地分布长江、珠江流域和陕西、河南等地，以武夷山茶采制而成的蒸青团茶极负盛名。中唐以后，全国有 70 多州产茶，辖 340 多县，分布在现今的 14 个省、市、自治区。封演《封氏闻见记》中记载："其茶自江淮而来，舟车相继，所在山积，色额颇多"，说明了唐代茶叶贸易的繁荣景象。白居易《琵琶行》诗中说："门前冷落车马稀，老大嫁作商人妇。商人重利轻别离，前月浮梁买茶去。"

当时最著名的产茶区，一是集中于山川秀丽的巴山蜀水之间，二是太湖周围的著名风景区。蜀中盛产茶叶，有不少茶叶闻名于世，成为贡茶。其中蒙顶茶号称第一，列为唐代贡茶之首。李肇《唐国史补》说："风俗贵茶，茶之品名益众，剑南有蒙顶石花或小方或散芽号第一。"因社会上流行饮蒙顶茶，使蒙顶茶的产量迅速增加。从唐宪宗元和年间到唐宣宗大中十年（856），仅 50 年时间，蒙顶茶产量增为"岁出千万"，并在市场上大量买卖。人们非常推崇蒙顶茶，以品尝到蒙顶茶为荣。白居易、孟郊等都对蒙顶茶备加赞赏，写下了不少赞扬蒙顶茶的诗篇。

太湖周围的湖州、常州等州郡亦多产名茶，其中最有名的是紫笋茶和阳羡茶。两者都是贡茶，深受唐朝皇帝和权贵官戚的喜爱。紫笋茶产于湖州（今浙江嘉兴）长兴县顾渚山。顾渚紫笋茶，是以其"色紫而似笋"得名的。据《南部新书》记载，唐代各地贡茶中，顾渚紫笋茶贡献最多，"岁造一万八千四百八斤"。皇帝得到紫笋茶，先荐宗庙，然后分赐近臣，可见紫笋茶的名贵。唐代的文人都喜喝顾渚紫笋茶，《新唐书·陆龟蒙传》中说，陆龟蒙嗜好紫笋茶，竟在顾渚山下建立茶园。阳羡茶产自常州（今江苏镇江）义兴县唐贡山。唐贡山又名茶山，杜牧作诗赞此山和阳羡茶，"山实东南秀，茶称瑞草魁"。皇帝最爱喝阳羡茶，为了进贡阳羡茶，无数茶农"手足皆鳞皴，悲嗟遍空山"。所以，卢仝感慨道："天子未尝阳羡茶，百草不敢先开花。"由于湖州和常州都出产贡茶，每逢进贡之日，两州太守都要在两州毗邻的顾渚山境会亭举行茶宴。后人认为，紫笋茶和阳羡茶是唐、五代时众多名茶中的绝品。

唐开元之前，饮茶仅限于南方，进入中唐以后，北方饮茶风起，在全国逐渐盛行起来。举凡王公朝士、三教九流、士农工商，无不饮茶。对于田间农家，尤其嗜好。据《封氏闻见记》称，唐开元时，泰山有僧大兴禅教，学禅者要首先夜晚不睡觉，于是禅徒都来煮茶驱眠。后来人们逐渐相传仿效，形成习惯。"茶道"大行，饮茶之风弥漫朝野，"穷日竟夜""遂成风俗"，且"流于塞外"。晚唐杨华《膳夫经手录》记载："至开元、天宝之间，稍稍有茶；至德、大历遂多，建中以后盛矣。"陆羽《茶经·云之饮》也称："滂时浸俗，盛于国朝。两都并荆俞间，以为比屋之饮。"

《茶经》认为，当时的饮茶之风扩散到民间，以东都洛阳和西都长安及湖北、山东一带最为盛行，都把茶当作家常饮料。不仅中原广大地区饮茶，而且边疆少数民族地区也饮茶，有所谓"宁可三日无食，不可一日无茶"之说。甚至在城市里出现了茶店或茶水铺，"自邹、齐、沧、棣，渐至京邑，城市多开店铺，煎茶卖之。不问道俗，投钱取饮"。过往行人付钱即可饮茶，极为方便。《旧唐书·李玉传》说："茶为食物，无异米盐，于人所资，远近同俗，既怯竭乏，难舍斯须，田间之间，嗜好尤甚。"茶于人如同米、盐一样不可缺少。据说，来到长安的回鹘人在办事之前，第一件事就是驱马前往经营茶叶商人的店铺。

隋唐时的茶叶多加工成饼茶，饮用时加调味，烹煮汤饮。随着茶事的兴旺，贡茶的出现加速了茶叶栽培和加工技术的发展，涌现了很多名茶，品饮之法也有较大改进。尤其到了唐代饮茶蔚然成风，饮茶方式有了较大进步。此时为了改善茶叶的苦涩味，开始加入薄荷、盐、红枣调味。茶和水的选择，烹煮方式以及饮茶环境和茶的质量也越来越讲究，逐渐形成了茶道。由唐前的"吃茗粥"到了唐时人视吃茶为"越众而独高"，是我国茶文化史上的一大飞跃。

陆羽所著《茶经》，探讨了饮茶艺术，把儒、道、佛三教融入饮茶中，首创中国茶道精神。在唐代形成的中国茶道，分为宫廷茶道、寺院茶礼、文人茶道等。唐代诗人杨万里有"春风解恼诗人鼻，非叶非花自是香"的诗句，将茶的韵味描绘得淋漓尽致。在《全唐诗》中，流传至今的有百余位诗人的四百余首茶诗。

陆羽的《茶经》

陆羽3岁时，被竟陵西垱寺智积和尚收养。智积和尚嗜好饮茶，陆羽专为他煮茶，久之练成一手高超的采制、煮饮茶叶的手艺。后来，他遍游各地名山古刹，采茶、制茶、品茶，结识善烹煮茶叶的高僧。他总结前人的经验，加上自己的耳闻目睹，特著《茶经》一部，系统地总结了当时的茶叶采制和饮用经验，对茶树的栽培、加工方法及茶的源流、饮法乃至茶具等均做了详尽的论述，是世界上最早关于茶的专著，是世界上第一部关于茶叶的百科全书。他说："茶之为用，味至寒；为饮，最宜精行俭德之人。"

《茶经》分3卷，共10节：

一之源，讲茶的起源、形状、功用、名称、品质。

二之具，谈采茶制茶的用具，如采茶篮、蒸茶灶、焙茶棚等。

三之造，论述茶的种类和采制方法。

《陆羽烹茶图》

四之器，叙述煮茶、饮茶的器皿，即 24 种饮茶用具，如风炉、茶釜、纸囊、木碾、茶碗等。

五之煮，讲烹茶的方法和各地水质的品第。

六之饮，讲饮茶的风俗，即陈述唐代以前的饮茶历史。

七之事，叙述古今有关茶的故事、产地和药效等。

八之出，将唐代全国茶区的分布归纳为山南（荆州之南）、浙南、浙西、剑南、浙东、黔中、江西、岭南等八区，并谈各地所产茶叶的优劣。

九之略，分析采茶、制茶用具可依当时环境，省略某些用具。

十之图，将采茶、加工、饮茶的全过程绘在绢素上，悬于茶室，使得品茶时可以亲眼领略茶经之始终。

《茶经》的问世，对唐代及后世饮茶风尚产生了巨大影响。当时，陆羽的好友耿沣就断定陆羽和他的著作将对后世产生久远影响而称他为"茶仙"。耿沣在《连句多暇赠陆三山人》（陆三即陆羽的别号）中盛赞陆羽对茶学的贡献，说他"一生为墨客，几世作茶仙"。"茶仙"之名即由此而来。诗人皇甫冉《送陆鸿渐栖霞寺采茶》也写道：

> 采茶非采菜，远远上层崖。
>
> 布叶春风暖，盈筐白日斜。
>
> 旧知山寺路，时宿野人家。
>
> 借问王孙草，何时泛碗花。

《茶经》的问世，使更多的人了解了茶叶，爱上了饮茶，对传播茶叶知识，普及饮茶风习起了积极作用，推动了全国的饮茶习俗的流行。《新唐书》卷一百九十六《隐逸列传》说："羽嗜茶，著经三篇，言茶之原、之法、之具尤备，天下益知饮茶矣。时鬻茶者，至陶羽形置炀突间，祀为茶神。"《封氏闻见记》说："楚人陆鸿渐为茶论，说茶之功效，并煎茶、炙茶之法。造茶具二十四事，以都统笼贮之，远近倾慕，好事者家藏一副。由常伯雄者，又因鸿渐之论润色之，于是茶道大行，王公朝士无不饮者。……穷日竟夜，殆成风俗，始自中地，流于塞外。"

对于陆羽和《茶经》的积极作用，后人给予高度的评价。宋代陈师道在《茶经》序中认为"为茶著书，将茶用于社会，特别是上自宫省，下迨邑里，对及夷戎蛮狄，宾祀享，予陈于前"的饮茶风尚都是"自羽始"。宋代梅尧臣在《次韵和永叔尝新茶杂言》诗中赞颂道："自从陆羽生人间，人间相学事春茶。"

自陆羽之后，茶业专著相继出现，如卢仝的《茶歌》、张又新的《煎茶水记》、苏廙的《十六汤品》及五代时蜀毛文锡的《茶谱》等。

茶之礼

　　中国悠久的制茶历史和饮茶传统形成了灿烂的茶文化。茶文化是中国具有代表性的传统文化。在我国，茶被誉为"国饮"。"文人七件宝，琴棋书画诗酒茶"，"茶通六艺"，是我国传统文化艺术的载体。茶生于名山秀川之间，人们从饮茶中与山水自然结为一体，茶的自然属性与中国古老文化的精华渗透和融合，使得茶的精神内涵为众人接受，形成了系统而又完整的中国茶文化。

　　我国饮茶法的演变过程可分为3个阶段：第一阶段是西汉至六朝的粥茶法；第二阶段是唐至元代前期的末茶法；第三阶段是元代后期以来的散茶法。

　　在粥茶阶段中，煮茶和煮菜粥差不多，有时还把茶和葱、姜、枣、橘皮、茱萸、薄荷等物煮在一起，如唐代皮日休《茶经·序》所说："季疵以前，称茗饮者，必浑以烹之，与夫瀹蔬而啜者无异也。"明代陆树声《茶寮记》所说"晋宋以降,吴人采叶煮之,曰茗粥"之浑烹的茶粥。唐以后,此种较原始的饮法渐为世所不取,饮茶法进而变得十分讲究。这时贵用茶荀(茶籽下种后萌发的幼芽)、茶芽(茶枝上的芽),春间采下,蒸炙捣揉,和以香料,压成茶饼。饮时,则须将茶饼碾末,碾末以后的处理方法在唐代又有两种:一种以陆羽《茶经》为代表,是将茶末下在茶釜内的滚水中;另一种以苏廙《十六汤品》为代表,是将茶末撮入茶盏,然后用装着开水的有咀(管状流)的茶瓶向盏中注水,一面注水,一面用茶筅在盏中环回击拂,其操作过程叫"点茶"。在第二阶段的初期以后,此法比陆羽之法更为流行。唐诗中,有时还看到描写在釜中下茶末的句子,如"松花飘鼎泛,兰气入瓯轻""铫煎黄蕊色,碗转曲尘花"。

茶文化意为饮茶活动过程中形成的文化特征,包括茶道、茶德、茶精神、茶联、茶书、茶具、茶画、茶学、茶故事、茶艺等。茶文化的精神内涵即是通过沏茶、赏茶、闻茶、饮茶、品茶等活动,与中国的文化内涵和礼仪相结合,形成的一种具有鲜明中国文化特征的文化现象。茶文化体现着中华传统文化丰富、高雅、含蓄的特点,成为中国人文精神的重要组成部分。

中国茶道的主要内容讲究五境之美,即茶叶、茶水、火候、茶具、环境。茶文化要遵循一定的法则。唐代为"克服九难",即造、别、器、火、水、炙、末、煮、饮。宋代为品茶"三点与三不点","三点":一是新茶、甘泉、洁器;二是好天气;三是风流儒雅、气味相投的佳客。"三不点":一是茶不新、泉不甘、器不洁,不点;二是景色不好,不点;三是品茶者缺乏教养举止粗鲁,不点。饮茶,注重一个"品"字。饮茶过程既是品味的过程,也是一个自我调节和修养的过程，即灵魂的净化过程。

中国人饮茶，有着严格的敬茶礼节和饮茶风俗。所谓君子之交淡如水，也是指清香宜人的茶水。客来敬茶，是中国人最早重情好客的传统美德与礼节。

中国人习惯以茶待客，并形成了相应的饮茶礼仪。选茶要因人而异，如北方人喜欢饮香味茶，江浙人喜欢饮清芬的绿茶，闽粤人则喜欢酽郁的乌龙茶、普洱茶等。茶具可以用精美独特的，也可以用简单质朴的。喝茶的环境应该静谧、幽雅、洁净、舒适，让人有随遇而安的感觉。请客人喝茶，要将茶杯放在托盘上端出，并用双手奉上。茶杯应放在客人右手的前方。在边谈边饮时，要及时给客人添水。喝茶的客人也要以礼还礼，双手接过，点头致谢。客人需善"品"，小口啜饮，满口生香。

南宋都城杭州，每逢立夏，家家各烹新茶，并配以各色细果，馈送亲友毗邻，叫作七家茶。这种风俗，就是在茶杯内放两颗青果即橄榄或金橘，表示新春吉祥如意的意思。

喜庆活动也喜用茶点招待，茶礼还是中国古代婚礼中一种隆重的礼节。明代许次纾在《茶疏考本》中说："茶不移本，植必子生。"古人结婚以茶为识，以为茶树只能从种子萌芽成株，不能移植，否则就会枯死，因此把茶看作是一种至性不移的象征。所以，民间男女订婚以茶为礼，女方接受男方聘礼，叫下茶或茶定，有的叫受茶，并有"一家不吃两家茶"的谚语。

与此同时，还把整个婚姻的礼仪总称为"三茶六礼"。三茶，即订婚时的下茶，结婚的定茶，同房时的合茶。下茶又有男茶女酒之称，即定婚时，男家除送如意压帖外，要回送几缸绍兴酒。婚礼

《斗茶图》（局部）

时，还要行三道茶仪式。三道茶者，第一杯百果；第二杯莲子、枣儿；第三杯方是茶。吃的方式是，接杯之后双手捧之，深深作揖，然后向嘴唇一触，即由家人收去；第二道亦如此；第三道，作揖后才可饮。这是最为尊敬的礼仪。这些繁俗，有婚礼的敬茶之礼，仍沿用成习。

中国饮茶，讲究品茶，重在意境，把饮茶看作是一种艺术的欣赏，精神的享受。通过观其形、察其色、闻其香、尝其味，使饮者在美妙的色、香、味、形中得到精神上的陶冶。卢仝作过一首《走笔谢孟谏议寄新茶》诗，诗中写了饮七碗茶的不同感受：

一碗喉吻润，二碗破孤闷。

三碗搜枯肠，唯有文字五千卷。

四碗发轻汗，平生不平事，尽向毛孔散。

五碗肌骨清，六碗通仙灵。

七碗吃不得也，唯觉两腋习习清风生。

　　诗中写到由于茶味好，每饮一碗，便有一种新的感受。两碗时已开始对精神发生作用；三碗喝下去，神思敏捷，可得五千卷文字；四碗时，人间的不平，心里的积郁，都用茶浇开；饮到七碗时便有飘飘欲仙的感觉。

　　人们把饮茶看作一种艺术，十分讲究高雅清幽的环境。唐人顾况在《茶赋》中认为，"杏树桃花之深洞，竹林草堂之古寺"是饮茶的理想环境。鲍君徽与友人在东亭举行"茶宴"，这里的环境是："远眺城池山色里，俯聆弦管水声中。幽篁引沼新抽翠，芳槿低檐欲吐红。"

茶之宴

  唐时,社会上流行以茶点招待亲朋好友的社交性聚会,称作"茶会""茶宴"和"汤社"。

  "茶宴"一词最早出现于南北朝山谦之的《吴兴记》一书,其中写到"每岁吴兴、毗陵二郡太守采茶宴会于此"。到了唐代,饮茶之风盛行,茶宴已经流程化,成为当时的社会时尚,是士大夫之间的一种时髦的交际方式。著名诗人钱起,为唐代"大历十才子"之一,他写过茶宴、茶会的诗,其中一首是《与赵莒茶宴》,诗云:

    竹下忘言对紫茶,全胜羽客醉流霞。

    尘心洗尽兴难尽,一树蝉声片影斜。

  诗中写出了竹下举行茶宴的幽美环境,迷人的紫笋茶,可令尘心尽洗，而雅兴难以洗尽，令人流连难舍，这是一种好友之间以茶助兴的雅集式的茶宴。唐代侍御史李嘉祐的《秋晚招隐寺东峰茶宴送内弟阎伯均归江州》里的"幸有香茶留稚子，不堪秋草送王孙"，唐代诗人鲍君徽的《东亭茶宴》里"坐久此中无限兴，更怜团扇起清风"的诗句，皆为一场场盛或简的茶宴。

唐朝吕温曾与好友在三月三日上巳日举行茶宴，写有一篇《三月三日茶宴序》，生动地描述了茶宴上的情景。序中写道：

> 三月三日上巳禊饮之日也，诸子议以茶酌而代焉。乃拔花砌，憩庭阴，清风遂人，日色留兴。卧指青霭，坐攀香枝，闲莺近席而未未飞，红蕊拂衣而不散。乃命酌香沫，浮素杯，殷凝琥珀之色，不令人醉，微觉清思，虽五云仙浆，无复加也。

这里描写了茶宴清幽宜人的环境，佳茗的美妙，素杯中凝着琥珀之色；品饮之后，既不醉人，更增加清思，即使玉露琼浆，也不过如此了。

文人的茶宴重情调，偏爱风景秀丽、环境宜人、装饰文雅的场所。唐德宗时，由陆羽等人发起，湖州刺史颜真卿出资，在湖州杼山建起茶亭一座，因为该亭建于癸年癸月癸日，故取名为"三癸亭"。此后，陆羽、颜真卿、皎然、李冶等便常常聚会其亭，品茶赋诗，以茶会友。其间他们吟诗作画、赏花观月、抚琴弈棋，品饮过程变成了一种高雅的文化活动。这种茶会与皎然倡导的重九茶宴一起，开创了文士茶会的新形式，流传千古，为茶文化开创了一片新天地。

唐代时还有一种特别的茶宴，即品尝和审定贡茶的茶宴。当时

🌸　《进茶图》（局部）

湖州紫笋茶与常州阳羡茶都是贡茶，每到早春造茶季节，两州太守要在两州毗邻的顾渚山境会亭举行盛大茶宴，邀请一些社会名流共同品尝和审定贡茶，由此形成每年一度的茶宴。有一年，两州太守邀请白居易参加茶宴，白很想赴宴，但因病在身，力不从心，便写了一首《夜闻贾常州崔湖州茶山境会亭欢宴因寄此诗》，诗中说：

遥闻境会茶山夜，珠翠歌钟俱绕身。

盘下中分两州界，灯前合作一家春。

青娥递舞应争妙，紫笋齐尝各斗新。

自叹花时北窗下，蒲黄酒对病眠人。

诗人以生动的笔墨描写了茶宴的盛况和自叹不能到场的惋惜心情。

至晚唐，朝廷开始在皇宫兴办清明茶宴。贡茶焙制成后，便日夜赶送京城长安，必须在清明节前送达。皇帝在收到贡茶后，先行祭祖，后赐给近臣宠侍，并在清明节这一天摆"清明宴"，以飨群臣。"又赐饮于曲水，蹈午踢地，欢呼动天。况妓乐选于内坊，茶果出于中库，荣降天上，宠惊人间。"宴会上有宫廷茶艺表演。

唐代禅宗大兴，百丈怀海禅师制定《禅门规式》（百丈清规），开始把茶融入禅门清规之中。坐落在今浙江省余杭、临安两地交界处的径山，属天目山脉之东北峰，古称北天目，因此山径通天目而得名"径山"。唐时，它即以高僧法钦所创建的径山禅寺而闻名于世，蔚为江南禅林之冠。径山寺以山明、水秀、茶佳闻名于世，享有"三千楼阁五峰岩"之称。径山寺开山祖唐代法钦曾亲手植茶树数枝，后漫山遍野，所制茶鲜芳特异，称之为径山茶。

唯携茶具赏幽绝

喝茶讲究的是茶具。不同的品饮方式，产生了相应的茶具，茶具是茶文化中最重要的载体。陆羽在《茶经》中，总结了前人的煮茶、饮茶用具，开列了 28 种专门器具，这是中国茶具发展史上最早、最完整的记录。唐朝前期，人们饮茶多喜用白色的瓷杯瓷碗。当时，河北内丘的邢窑以烧制白瓷茶碗闻名于世。但陆羽却主张用青色的瓷杯，说"青则益茶"。他认为，凡是白色、黄色、褐色的瓷，会使茶汤分别呈现红色（当时饼茶的汤色呈淡红色）、紫色、黑色，所以，"悉不宜茶"，而青色的瓷，可使茶汤呈现绿色，所以有益于茶。由于陆羽的提倡，社会上开始流行用浙江越窑出产的青瓷饮茶。陆龟蒙用"九秋风露越窑开，夺得千峰翠色来"的诗句，称赞越窑青瓷茶具的瑰丽色彩。

唐代的饮茶器具，民间多以陶瓷茶具为主，而王公贵族之家多

🌸 金白釉瓜棱注壶、注碗，大同博物馆藏　　🌸 唐代银制的茶碗和茶托

用金属茶具和当时稀有的秘色茶具及琉璃茶具。1956年，湖北武汉郊区隋墓中出土一件青瓷六耳大壶，直长粗颈，长圆腹，平底，肩部有6个桥形耳。表面施青色釉，釉色亮而匀薄，有冰裂纹，耳下和腹周刻有覆莲瓣形暗花纹，造型别致，釉色青翠。1973年浙江宁波唐代墓葬中出土一件青瓷带托茶碗。青色瓷釉，托口沿卷曲，宛若荷叶，碗为分瓣的荷花状，整体为一绿叶烘托的盛开荷花，造型优美。同时还出土一件青瓷海棠杯，器身呈椭圆，形似海棠，口沿作成四瓣，釉色光洁，内壁画花，线条流畅柔和。这两件瓷器都是唐代茶具中的精品。此外，在不少地区还出土了许多诸如"青釉褐斑贴花张字瓷壶""青釉蓝褐彩连珠纹瓷壶""釉下彩绘鸟纹瓷

壶""五代奔鹿纹注子"和"青瓷碗"等珍品,反映了隋唐时民间饮茶所用的茶具已相当讲究,当时的茶具制作技艺已达到相当高的水平。

1987年,陕西省法门寺地宫中出土了一整套唐代茶具,包括:瓷秘色碗七口、茶槽子碾子茶罗匙子一副、琉璃茶碗托子一副、摩羯纹蕾纽三足盐台两副、金银丝结条笼子一枚、鎏金镂空鸿雁球路纹银笼子一枚、鎏金银盒一枚、鎏金人物画银坛子一枚、鎏金伎乐纹调达子一对、壶门高圈足座银风炉一个,以及火筯、银匙、茶盏、茶托等。这批茶具都是唐代皇帝恩赐或后妃与皇亲国戚供奉的,所有茶具都用金银或名贵的秘色瓷、琉璃制成,制作工艺精美绝伦,结构新颖精巧,装饰华贵典雅,可谓是罕见的稀世之宝。唐代上层社会中流行金属茶具,瓷制茶具上多采用秘色瓷。法门寺出土的秘色瓷解开了这个谜。地宫出土的秘色瓷器,色泽晶莹,以绿黄色为主,造型优美。其中两个五瓣葵口圈足秘色瓷碗,斜壁,平底,内土黄色釉,外为黑色漆皮,贴金双鸟和银白团花五朵,造型活泼,朴素大方,是极难得的唐代茶具珍品。茶杯或茶碗,为了免于烫手,还创造了高圈足的茶托。茶托在茶杯、茶碗之下,便于端饮。这一习俗一直流传至今。法门寺地宫出土多件素面淡黄色琉璃茶盏、茶托,茶托口径大于茶盏,呈盘状,高圈足,造型简朴。唐代的琉璃茶具制作已经起步,并出现了一些新的品种。

六

禅与茶

　　佛教与饮茶风尚唐代饮茶风尚的盛行,与佛教对茶叶的重视有密切的联系。根据佛教的规制,在饮食上,僧人要遵守不饮酒、非时食(过午不食)和戒荤食素等戒律。佛教重视坐禅修行。坐禅讲究专注一境,静坐思维,而且必须跏趺而坐,头正背直,"不动不摇,不委不倚"。长时间的坐禅,会使人产生疲倦和睡眠的欲望,为此需要一种既符合佛教戒律,又可以消除坐禅产生的疲劳和作为午后不食之补充的饮料。这样,具有提神益思、驱除睡魔、生津止渴、消除疲劳等功效的茶叶便成为僧徒们最理想的饮料。

　　东晋僧人,已于庐山植茶,敦煌行人,以饮茶苏(将茶与姜、桂、桔、枣等香料一起煮成茶汤)助修。茶兴则禅兴。唐代佛教禅宗兴盛,因茶有提神益思、生津止渴功效,故寺庙崇尚饮茶,在寺院周围植茶树。凡是禅宗丛林,寺必有茶,禅必有茶;尤其南方禅宗寺庙几

乎出现了庙庙种茶、无僧不茶的嗜茶风尚。佛教禅师认为茶有三德，
"坐禅时通夜不眠，满腹时帮助消化，交友时以茶为媒广结善缘"，
这即佛教禅师提倡茶道的原因之一。茶已在一定程度上被视作参禅
行为。著名诗僧释皎然善烹茶，能诗文，留下多首有名的茶诗，其《饮
茶歌诮崔石使君》诗，赞誉了剡溪茶的清郁隽永香气、甘露琼浆般
的滋味，表现了对饮茶的嗜好以及"茶禅一味"的茶道精神。诗云：

> 越人遗我剡溪茗，采得金芽爨金鼎。
> 素瓷雪色缥沫香，何似诸仙琼蕊浆。
> 一饮涤昏寐，情思朗爽满天地。
> 再饮清我神，忽如飞雨洒轻尘。
> 三饮便得道，何须苦心破烦恼。
> 此物清高世莫知，世人饮酒多自欺。
> 愁看毕卓瓮间夜，笑向陶潜篱下时。
> 崔侯啜之意不已。狂歌一曲惊人耳。
> 孰知茶道全尔真，唯有丹丘得如此。

当时，僧人饮茶的风俗相当普遍。唐代李咸用《谢僧寄茶》诗有：
"空门少年初志坚，摘芳为药除睡眠。"郑谷《雪中偶题》诗有："乱
飘僧舍茶烟湿，密酒歌楼酒力微。"一些僧人嗜好饮茶，竟至"唯茶
是求"。大中三年（849），东都进一僧，年120岁。宣宗问服何药
而至此，僧回答说："臣少也贱，素不知药，性本好茶，至处唯茶是
求，或出亦日遇百余碗，如常日亦不下四五十碗。"据《广群芳谱·茶
谱》引《指月录》载，唐代名僧从谂禅师每说话之前，总是说一声"吃
茶去"，后人认为这是一句蕴涵禅机的偈语。当时，不少僧人以擅长

煮茶品茶而闻名于世。后世尊为"茶神"的陆羽，虽然不是僧人，但却出身于寺院，他一生的行迹也几乎没有脱离过寺院。

佛教禅寺多在高山丛林，极宜茶树生长。农禅并重为佛教优良传统。禅僧务农，大都植树造林，种地栽茶。制茶饮茶，相沿成习。许多名茶，最初皆出于禅僧之手。如佛茶、铁观音，即禅僧所命名。其于茶之种植、采撷、焙制、煎泡、品酌之法，多有创造。中国佛教不仅开创了自身特有的禅文化，而且成熟了中国本有的茶文化，且使茶、禅融为一体而成为中国的茶禅文化。

佛教禅宗寺院不仅对茶叶的栽培、焙制有独特技术，而且十分讲究饮茶之道。寺院内设有"茶堂"，是专供禅僧辩论佛理、招待施主、品尝香茶的地方；法堂内的"茶鼓"是召集众僧饮茶所击的鼓。另外，寺院还专设"茶头"，专管烧水煮茶，献茶待客，并在寺门前派"施茶僧"数名，施惠茶水。寺院中的茶叶，称作"寺院茶"，一般用途有三：供佛、待客、自奉。"寺院茶"按照佛教规矩有不少名目，每日在佛前、堂前、灵前供奉茶汤，称作"奠茶"；按照受戒年限的先后饮茶，称作"戒腊茶"；化缘乞食得来的茶，称作"化茶"等。

浙江余杭径山寺的"径山茶宴"，以其兼具山林野趣和禅林高韵而闻名于世。径山寺的饮茶之风极盛，长期以来形成了径山茶宴的一套固定、讲究的仪式：举办茶宴时，众佛门子弟围坐"茶堂"，依茶宴之顺序和佛门教仪，依次献茶、闻香、观色、尝味、瀹茶、叙谊。

天台山上的国清寺是中国佛教天台宗的发源地。寺中僧人崇尚饮茶，并且在寺院周围植茶极盛。国清寺内制订"茶礼"，并设"茶堂"，选派"茶头"，专承茶事活动，种茶饮茶是僧人的必修课之一。天台山上所产茶叶之佳，有所谓"佛天雨露，帝苑仙浆"之说。

第十章

食·史·杂·事

南之蛴蛑　北之红羊

中国地域广大，山川地貌不同，环境多样，食材也多种多样。所以，在不同的地区、不同的人群中就形成了不同的饮食习惯、饮食风俗，特别是不同的口味。

有一个故事说，一个南方的小女孩，因为家乡贫穷，被送到内蒙古寄养。四十多年后，她已经结婚生子，带着丈夫和孩子回老家寻亲。当地有一种蔬菜，她吃得特别可口，而她的丈夫和孩子却根本没动。她的母亲感叹地说，这真是我的女儿啊！

这种童年的味觉记忆，是根植在内心深处的，实际上它是一个人文化识别的标志。比如现在到国外去旅游，旅行社的说明上一定要写明"全程中餐"。为什么呢？因为你走到任何地方，吃一两次当地的食物还可以，就当尝个鲜，但再接下来就会觉得特别不舒服，还是要吃中餐，尽管旅行社带领去的中餐厅可能很差劲。这就是通

常说的"妈妈的味道","妈妈的味道"就是家乡的味道,也就是
文化的味道。我们对故乡的怀念,许多是怀念童年时享受的妈妈的
味道。

在国内旅行也是一样。中国南北差异、东西差异也是各有各的
"妈妈的味道"。春秋战国的齐桓公时期,饮食文化中南北菜肴风
味就表现出差异。当时各地都出现了一些名菜,形成了南北不同的
饮食文化。中国饮食文化的菜系,是在一定区域内,由于气候、
地理、历史、物产及饮食风俗的不同,经过漫长的历史演变而形成
的一整套自成体系的烹饪技艺和风味,并被全国各地所承认的地
方菜肴。

到唐代时,中国各地的饮食已经有了明显的区别,南食、北食
各自形成体系。南方以长江流域为中心,着重食稻米;北方以黄河
流域为中心,以面食为主。柳宗元在一篇文章中说:"愿椎肥牛、
击大豕、刲群羊以为兄饩,穷陇西之麦、殚江南之稻以为兄寿",
明确指出了南北饮食结构中的稻麦之差异。据统计,《太平广记》
中摘录的唐人笔记中,涉及北方地区的饮食共有 86 次,除了 14 次
没有记载食品种类外,在其他 72 次中,面食 57 次,稻米 8 次,粟
米 4 次,麦饭 3 次,面食在北方的饮食结构中占据了最重要的地位。
北方不同地区的饮食也有一定的区别,如山东重粟,西北地区多面,
而以洛阳为中心的河南地区的稻米,则多于北方其他地区。

江南是唐代稻米的主要产地,也是主要食用稻米的地区。晋郭
义恭《广志》记载:"南方地气暑热,一岁田三熟,冬种春熟,春
种夏熟,秋种冬熟。"又载:"南方有蝉鸣稻,七月熟。……青芋稻,
白漠稻,七月熟。"特别是蝉鸣稻,有"香闻七里"的说法,可见

其品质之高。《水经注》说："名白田，种白谷，七月火作，十月登熟；名赤田，种赤谷，十二月作，四月登熟。所谓两熟之稻也。"《隋书·地理志》说："江南之俗，火耕水耨，食鱼与稻，以渔猎为业，虽无蓄积之资，然而亦无饥馁。"古代江南的饮食结构为"饭稻羹鱼"，白居易在忠州所见"旱地荒园少菜蔬……饭下腥咸小白鱼"。王建《荆门行》诗称："看炊红米煮白鱼，夜向鸡鸣店家宿。"王维《送友人南归》说："郧国稻苗秀，楚人菰米肥。"与之相应的产业结构则是"火耕水耨"式稻作农业和以鱼为主的水产品采捕业。这种情况自汉代就是如此。《华阳国志·蜀志》说，巴蜀一带，汉代即"土地肥美，有江水沃野。山林竹木疏食果实之饶……民食稻鱼，亡凶年忧"。唐代，江南主要是长江上中游地区的民众日常生活中，主食以饭、粥为多，饼类当然也有，但不是主要的。

在副食方面，南北方之间也有明显的差异。最突出的是南方以鱼虾类水产为主，北方以肉酪类畜产为主。西晋张华《博物志》说："东南之人食水产，西北之人食陆畜。食水产者，龟蛤螺蚌以为珍味，不觉其腥臊也；食陆畜者，狸兔鼠雀以为珍味，不觉其膻也。"南北朝时，北方人就嘲笑南人饮食习惯的水产嗜好，说"饭鲫鱼羹""呷啜莼羹，嗍嗍蟹黄""咀嚼菱藕，捃拾鸡头，蛙羹蚌臛"。南方水域辽阔，水产品丰富。唐时，鱼和盐被视为江淮居民富有的资源。张九龄《开大庾岭路记》中记载，打通岭南山路能使"鱼盐蜃蛤之利，上足以备府库之用，下足以赡江淮之求"。

《云仙杂记》卷一中"笼桶衫柿油巾"条目记载，杜甫在蜀，"日以七金买黄儿米半篮，细子鱼一串"，并称此"细子鱼"是"蜀人奉养之粗者"。杜甫日食米饭及"细子鱼"，可能是因其久居蜀川，在饮食生活上与当地人已无太大的区别。唐代僧人书法家怀素在《食鱼帖》中说道："老僧在长沙食鱼，及来长安城中，多吃肉。"这里既说明了南北不同地域饮食的差异，也说明了当时长沙一带的副食类是以鱼为主的。

五代时人孙承祐在家中宴请客人，他指着桌上丰盛的菜肴自傲地说："今日坐中，南之蟛蜞，北之红羊，东之虾鱼，西之粟菽无不毕备，可谓富有小四海矣。""蟛蜞"就是俗称的梭子蟹。孙承祐的这段话反映出当时人们对南北饮食差异的认识。崔融在《断屠议》中也说得很明白，他写道："江南诸州，遁以鱼为命；河西诸国，以肉为斋。"江南人食鱼类海鲜可以说是家常便菜，家家户户几无一日不食。杜甫诗说："家家养乌鬼（乌龟），顿顿食黄鱼。"白居易初至贬所江州，谈及江州饮食特色时说："鲎鱼颇肥，江酒极美，其余食物，多类北地。"他还留有诗文："浔阳多美酒，可使杯不燥。鲎鱼贱如泥，烹炙无昏早。"

南北食用的蔬菜也有较大差异。安史之乱后，高力士被贬到巫州（今湖南洪江市附近），见到山野中多荠菜而当地人不知食用，赋诗说："两京作斤卖，五溪无人采。夷夏虽有殊，气味都不改。"

但随着人员的流动，商贸的发达，南北饮食也有相互影响和融合的趋势。南方的稻米已经大量运输到长安、洛阳等地，供广大都市居民消费。食肴原料来自全国各地，山珍海味，各色齐全。

药食同源

　　中华民族的饮食养生历史悠久，并逐渐成为中医学的组成部分。在中医药学的传统之中，一直有"药食同源"的说法，认为食即是药，或者说相当于药。因为它们同源、同用、同效。食物的性能与药物的性能一致，包括"气""味""升降浮沉""归经""补泻"等内容，并在阴阳、五行、脏腑、经络、病因、病机、治则、治法等中医基础理论指导下应用。传统中医食与药并没有明确界限，因此，药疗中有食，食疗中有药。在这个思想基础上出现的药膳，"寓医于食"，既将药物作为食物，又将食物赋以药用，药借食力，食助药威；既具有营养价值，又可防病治病、保健强身、延年益寿。药膳既不同于一般的中药方剂，又有别于普通的饮食，是一种兼有药物功效和食品美味的特殊膳食。它可以使食用者得到美食享受，又在享受中，使其身体得到滋补，疾病得到治疗。

在我国民间传说中，彭祖不仅是长寿的典范，而且也是食物养生的开创者。据说他首创的"雉羹"治好了尧帝的厌食症，从而留传于世，被尊称为中国第一位厨师、"厨行的祖师爷"。关于食物养生的历史，也要追溯到彭祖时代。《列仙传》云："彭祖善和滋味，好恬静，惟以养神，治生为事，并服广角、水晶、云母粉，常有少客。"这说明彭祖很懂得饮食保健。唐代诗人皇甫冉曾为彭祖题诗云："闻道延年如玉液，欲将调鼎献明方。"

彭祖的"雉羹"是我国古代文献中关于烹饪最早的文字记载。"雉羹"是将野鸡煮烂，与稷米同熬而成的一种汤羹类，具有鲜香醇厚、易消化等特点。因源于上古，故又有"天下第一羹"之美称。

食疗的雏形可以说起源于人类的原始时代。现代考古学家已发现不少原始时代的药性食物。夏商时代以后，烹饪技术逐渐形成，出现了羹和汤液，发明了汤药和酒，进而制造了药用酒。西周时代已经有了比较丰富的药膳知识，同时出现了从事药膳制作和应用的专职人员。《周礼》中记载了"食医"，食医主要掌理调配周天子的"六食""六饮""六膳""百馐""百酱"的滋味、温凉和分量。食医所从事的工作与现代营养医生的工作类似，同时书中还涉及其他一些有关食疗的内容。《周礼·天官》中还记载了疾医主张用"五味、五谷、五药养其病"。疡医则主张"以酸养骨，以辛养筋，以咸养脉，以苦养气，以甘养肉，以滑养窍"等。这些主张都是比较成熟的食疗原则。

《黄帝内经》提出了一套系统的食补食疗理论，阐明了五味与保健的关系，奠定了中医营养医疗学的基础。《黄帝内经》将五味学说应用于食物，把谷物、瓜果、畜肉、菜蔬分为5类，分别归属于辣、酸、甘、苦、咸五味，而五味又各有其作用，或散、或收、或缓、或坚、或软。认为人的形体生长，是源于五味精微的滋养，五味精微的摄取生化，又依赖于五脏的生化机能。但饮食过饱，五味偏嗜，又可伤及五脏。《黄帝内经》中共有 13 首方剂，其中有 8 首属于药食并用的方剂。

《神农本草经》收录许多药用食物，如大枣、人参、枸杞、五味子、地黄、薏苡仁、茯苓、沙参、生姜、葱白、当归、贝母、杏仁、乌梅、鹿茸、核桃、莲子、蜂蜜、龙眼、百合、附子等常作为配制药膳的原料。张仲景的《伤寒论》《金匮要略》在治疗上除了用药，还采用饮食调养方法配合，如白虎汤、桃花汤、竹叶石膏汤、瓜蒂散、十枣汤、百合鸡子黄汤、当归生姜羊肉汤、甘麦大枣汤等。在食疗方面，张仲景突出饮食的调养及预防作用，开创了药物与食物相结合治疗重病、急症的先例，记载了食疗的禁忌及应注意的饮食卫生。

饮食对于养生具有重大意义，唐代饮食由于其选择增多，食材种类丰富，也为人们合理搭配膳食提供了条件。在唐人的饮食中，不仅食材种类丰富，调味品也种类繁多。调味品包括油、盐、糖、蜜、乳、酪等，不仅起到了调味作用，还能够针对不同的体质进行调养。唐代孙思邈在《备急千金要方》中设有"食治"专篇，认为"故食能排邪而安脏腑，悦神爽志，以资血气，以食疗之，食疗不愈，然后命药""五味五谷五药养其病"。至此，食疗已开始成为专门学科，其共收载药用食物 164 种，分为果实、菜蔬、谷米、鸟兽四大门类。

孙思邈十分重视食疗，强调"安身之本，必资于食"。当医生须先洞晓病源，知其所犯。以食治之，食疗不愈，然后命药。他认为药物伤身，非不得已，不轻易用药。为避免不当饮食带来的病痛，他又提出"食宜"这一命题，主张"不知食宜者不足以存生"。所谓食宜，即饮食适度。他赞同"穰岁多病，饥年少疾"之说，而且以关中地区民众节俭，饮食简洁，故少病长寿；而江南人生活富足，山珍海味，无所不备，反而多疾病、早夭为例证明这一观点。饮食得当，得以康健高寿。

孙思邈门下，还有一位著名的医药学家孟诜，写出了中国第一部食疗专著《神养方》，后由其弟子张鼎作了增补，易名《食疗本草》。《食疗本草》是我国第一部集食物、中药为一体的食疗学专著，详细记载了食物的性味、保健功效，过食、偏食后的副作用，以及其独特的加工、烹调方法。宋代官方修订的《太平圣惠方》专设"食治门"，记载药膳方剂160首，可以治疗28种病症，且药膳以粥、羹、饼、茶等剂形出现。

唐代末年，四川名医昝殷写成《食医心鉴》，也是食疗专著。原版也已失传，仅存辑本。书中一反之前的食疗著作，只介绍单味食物的治疗作用，而是以病症为分类，每类中开列数个或数十个方子。昝殷在论述每类疾病之后，具体介绍食疗处方，这些食方剂型包括茶方、汤、乳方、粥、羹、菜肴、酒、浸酒、丸、脍、散等，选用的食物都是稻米、大豆、牛乳、鸡肉、山药等。

唐朝的药膳十分丰富，有紫米粥、团油饭、橘皮汤、人参汤、阿胶汤等，以团油饭为例，其是烤鱼、鸡、鹅、羊、姜、桂等多种菜品熬成的一种肉粥，有大补功效，往往被用来给孕妇滋补身体。而药酒有海藻酒、钟乳酒、五精酒、地黄酒、枸杞酒等。以五精酒为例，是用枸杞、天门冬、松叶、黄精、白术、细曲和糯米酿成的一种药酒，对食欲不振，头晕目眩、须发早白等病症有一定的功效。

从分餐到合食

　　中国古代最初是实行分餐制的。古代中国人分餐进食，一般都是席地而坐，面前摆着一张低矮的小食案，案上放着轻巧的食具，重而大的器具直接放在席子外的地上，后来称之为"筵席"。

　　《史记·孟尝君列传》说，战国四君之一的孟尝君田文广招宾客，礼贤下士，他平等对待前来投奔的数千食客，无论贵贱，都跟自己吃一样的馔品，穿一样的衣裳。一天夜里，田文宴请新来投奔的侠士，有人无意挡住了灯光，有侠士以为自己吃的饭一定与田文两样，要不然怎么会故意挡住光线而不让人看清楚。这侠士一时怒火中烧，他以为田文是个伪君子，起身就要离去。田文赶紧端起自己的饭菜给侠士看，原来都是一样的饮食。侠士愧容满面，当下拔出佩剑，自刎谢误会之罪。如果不是分餐制，假如不是一人一张饭桌（食案），如果主客都围在一张大桌子边上享用同一盘菜，就不会有厚薄之别的猜想，这条性命也就不会如此轻易断送了。

《后汉书·逸民传》记隐士梁鸿受业于太学，还乡娶妻孟光，夫妻二人后来转徙吴郡（今苏州），为人帮工。梁鸿每当打工回来，孟光为他准备好食物，并将食案举至额前，捧到丈夫面前，以示敬重。孟光的举案齐眉，成了夫妻相敬如宾的千古佳话。又据《汉书·外戚传》说："许后朝皇太后，亲奉案上食。"因为食案不大不重，一般只限一人使用，所以妇人也能轻而易举。

汉代承送食物还使用一种案盘，或圆或方，承托食物的盘如果加上三足或四足，便是案。颜师古《急就章》注所说："无足曰盘，有足曰案，所以陈举食也。"

低矮的食案是适应席地而坐的习惯而设计的。周秦汉晋时代，筵宴上分餐制之所以实行，应用小食案进食是重要原因。而中国古代饮食方式从分餐制向会食制的改变，是由高桌大椅的出现而完成的。唐代开始出现会食制，发展到具有现代意义的会食制。

秦汉时，人们席地而坐，室内的基本陈设是席、床、榻、几、案等。到了东汉后期和魏晋南北朝时期，传统的席地而坐的起居习惯虽然仍是主流，受西域胡风的影响，开始引进"胡床"，出现了使用高足家具与垂足而坐的风气。中国人席地而坐，并由此衍生出一系列礼仪标准，胡床的到来并非即刻改变了中国人的坐姿，席坐仍延续了相当长的时间。即便在今天的日本，源自中国的席坐习俗仍然保留，并作为接待贵客的一种礼仪而存在。

从魏晋南北朝开始的家具新变化，到隋唐时期也走向高潮。这一方面表现为传统的床榻几案增高；另一方面是新式的高足家具品种增多，椅子、桌子等都已开始使用。这一时期的室内陈设主要是高足的桌、椅、大案和床榻。这从《韩熙载夜宴图》中可以清楚地看到当时室内陈设的情况。此外，五代王齐翰《勘书图》中绘有三叠大屏风，屏风前设长案，一位白衣长髯的文士坐在一张扶椅上，前置一书几。这种室内陈设使室内空间和各种装饰都发生了变化，与席地而坐的室内陈设迥然不同。

隋唐五代时流行高足坐具"胡床"。胡床不是床，而是一种高足坐具，就是现在的椅子。曹丕的《燕歌行二首（其一）》说："明月皎皎照我床，星汉西流夜未央。"李白的诗《静夜思》有："床前明月光，疑是地上霜。举头望明月，低头思故乡。"这里的"床"都不是睡觉的床，而是坐着的"胡床"。否则，明月如何直接照到曹丕的床上？李白如何举头就望到月亮？南朝梁代庾肩吾有一首《咏胡床应教诗》：

传名乃外域，入用信中京。

足欹形已正，文斜体自平。

临堂对远客，命旅誓初征。

何如淄馆下，淹留奉盛明。

这首诗叙说了胡床的来源、在中国的使用以及胡床的形制，将胡床描写得形象生动。

随着高足家具的发展，凳子的使用也多了起来。周昉《宫乐图》中描绘了宫中妇女围坐在一个长方形的大案周围宴饮、演乐，她们所用的坐具都是很漂亮的带花纹、垂流苏的月牙形机凳，也叫"月牙机子"。《挥扇仕女图》中描绘得更加细致，月牙机子上雕刻着花纹，两腿之间有朱红彩带，上面有绣垫，既美观实用，又松软舒适。在五代时，这种月牙机子还很盛行。此外，细腰圆凳、腰鼓形坐墩、长凳也很流行。总体上，坐具的高度也不断增加。

椅子最初称为"倚子"。"倚"是依靠之意，倚子，是指有靠背的坐具。成书于五代末年的《清异录》把椅子的发明归功于唐玄宗，说："相传明皇行幸频多，从臣扈架，欲息无以寄身，遂创意如此，当时称'逍遥坐'。"唐中期以后，垂足坐的风气大盛，上至帝王将相，下至宫女歌伎，都开始坐椅凳之类的高型坐具。目前所知纪年明确的椅子形象，发现于西安唐玄宗时高力士哥哥高元珪墓的墓室壁画中，时间为唐天宝十五年（756）。在敦煌的唐代壁画中，还发现了四足直立的桌子，壁画形象地刻画了人们在桌上切割食物。五代周文矩《宫中图》描绘了宫廷中妇女的生活，其中绘有两张形象相近的圈椅。圈背连着扶手，从高到低一顺而下，后背另立两柱，装弧形横梁，人可将头倚在靠背上。其造型圆婉优美，形态丰满劲健，独具特色。在周文矩另一幅名作《琉璃堂人物图》中，有一位黑衣僧人坐在用瘿木制的大椅上，造型古朴自然，反映了五代时椅子制作技术的高水平。《韩熙载夜宴图》描绘了两种椅子：一种较小，后背直，其搭脑两端挑出，无脚踏；一种较大，可盘腿坐其上，后背立四柱，上装弧形横梁，有脚踏。《新五代史·景延广传》记载："延广所进器物，鞍马、茶床、椅榻，皆裹金银，饰以龙凤。"

使用高足桌案的习俗起源于唐代。敦煌473窟唐代壁画中，在帷幄中置一张长桌，两边各有一条长凳，男女数人分坐两旁，正在准备进餐。此种长案在传世的唐代绘画中也可以见到。唐周昉画《宫乐图》中，绘有一张可围坐 12 人的长案，长案四角有金属包角，均雕有金色花纹。案面四周重边，都有装饰。案面漆以深绿色，上有白描花纹，案面四边出沿，下为蠹门结构。此是目前所见到的唐代最大型的案具。

家具的改变引起了社会生活的许多变化，也直接影响了饮食方式的变化，实现了分餐向合食的转变，人们的就餐习俗由席地而坐的分餐制转而成为高凳大桌的合餐制。合食制的出现，是唐代饮食方式的最显著特点。合食制使宴会的气氛更为热烈欢愉，开启了后代同桌合餐的先河。

分餐制转变为合食制，并不是一下子就转变成现代这个样子的，它有一段过渡时期。这一过渡时期的饮食方式又有一些鲜明的时代特点。在合食成为潮流之后，分餐方式并未完全革除，在某些场合还要偶尔出现。例如南唐画家顾闳中的传世名作《韩熙载夜宴图》为一长卷，夜宴部分绘韩熙载及其他几个贵族子弟，分坐床上和靠背大椅上，欣赏着一位琵琶女的演奏。他们面前摆着几张小桌子，在每人面前都放有完全相同的一份食物，是用 8 个盘盏盛着的果品和佳肴。碗边还放着包括餐匙和筷子在内的一套进食具，互不混杂。这里表现的不是围绕大桌面的合食场景，还是古老的分餐制。在晚唐五代之际，表面上场面热烈的合食方式已成潮流，人们围坐在一起，但食物还是一人一份。到宋代以后，具有现代意义的合食才出现在餐厅里和饭馆里。

餐饮业的兴盛

　　唐代的长安城相当繁荣。它不仅是全国的政治中心，而且也是经济中心、文化中心和交通枢纽。唐代长安人口，据估计，鼎盛时有 170 万人，若放宽估计，则近 200 万人。唐代长安百业俱兴，商贾云集。长安城内的商业区，主要集中在东、西两市。东、西两市各有 220 行，"行"是同业店铺的总称，每行的店铺的数量很大。见于记载的，东市有笔行、铁行、肉行、凶肆、绸缎行以及赁驴人、弹琵琶名手、杂戏等。西市行业比东市要多，据统计，有大衣行、杂糅货卖之所、鱼店、酒肆、秋辔行、卜者、卖药人、药行、油靛店、法烛点、蒸饼团子店、秤行、柜坊、食店张家楼、贩粥者、帛市、绢行、麸行、衣肆、凶肆、烧炭曝布商、收宝物的胡商、波斯邸等。城市人口消费量的增加，促进了饮食业的繁盛，星罗棋布的酒楼、餐馆、茶肆，乃至沿街叫卖的摊贩，已成为都市繁荣的主要特征。

唐代时，朝廷规定各类商店只能开设在"市"内经营，但随着城市经济的发展，到唐代后期，逐渐打破了陈规，允许商店四处开设。

提供饮食的有流动的摊贩，也有固定的餐馆。有经营单一项目的饼肆、糕肆、馎饦肆，也有提供既出售主食，也兼及肉蔬的综合性食店。他们按季节的变换出售时令食品，价格平实，非常受欢迎。酒肆和茶肆则以酒和茶为主，饭菜为辅。高档一点的还有酒楼，人们选择酒楼食店作为聚会的最佳场所。酒楼食肆的出现给街市增添了不少生气和热闹，方便了城中百姓们请客宴饮。唐朝不少诗人也时常混迹在酒肆当中，参与人们开设的宴饮活动，为后人留下"豪家沽酒长安陌，一旦起楼高百尺"的名句。到宋代，城市中的酒楼则大为发展。宋话本《赵伯升茶肆遇仁宗》中有一首词写道：

> 城中酒楼高入天，烹龙煮凤味肥鲜。
>
> 公孙下马闻香醉，一饮不惜费万钱。
>
> 招贵客，引高贤，楼上笙歌列管弦。
>
> 百般美术珍羞味，四面阑干彩画檐。

《北梦琐言》记载，有一位住在京都崇贤门的窦公，头脑灵活，善于经商。他在长安东市看中一块空地的潜在价值，于是就在空地上建了一家可饮食住宿的店肆，除了专门接待波斯来的客商之外，还造了一个大池子，名为"酒炙池"，他扬言此池子可以实现人们的愿望，例如求得功名、发财致富等，于是，这里渐渐地成了一个获取商业利润的好地方。

长安、洛阳都有很多餐馆，其他城市和交通道路两旁也有许多

🌸 敦煌莫高窟第 108 窟东壁描绘的中唐时期的宅子酒肆

餐馆。开成三年（838），日本僧人圆仁在扬州过春节，目睹了扬州"街店之内，百种饭食，异常弥满"，可见扬州餐馆之繁盛。除了经营饭菜酒肴的餐馆外，还有各种小吃店。许多饮食店以独特的美味佳肴而闻名于世。唐段成式《酉阳杂俎》中记载的唐代长安的著名食品就有：萧家馄饨，漉去汤肥，可以瀹茗；庾家粽子，白莹如玉。长安辅兴坊食店的胡麻饼誉满京城；张手美家的食肆则专卖节日食品，有元日吃的"元阳脔"、正月十五吃的"油饭"、寒食节吃的"冬凌粥"、中秋节吃的"玩月羹"、重九节吃的"米锦糕"等。长安各街坊的饮食行业也大体上有所分工，比如辅兴坊卖胡饼，颁政坊卖馄饨，胜业坊卖蒸糕，长乐坊卖黄桂稠酒。

食肆中，有与现代的菜单相类似的"食单"。《唐国史补》记载，长安有范氏尼，与颜真卿有亲属关系。颜真卿发达之前，曾向她问自己将来的官品，范氏尼指着坐上紫丝布食单说："颜郎衫色如此，其功业名节皆称是。"暗示颜真卿将来必有高位。

长安的酒肆业十分繁华，城内酒肆主要分布在东、西两市和东门、华清宫外阙津阳门等交通要道一带。唐中期以后，长安的里坊也有许多酒肆。唐诗中有很多描写酒肆伎乐的作品，如韦庄《过扬州》有："当年人未识兵戈，处处青楼夜夜歌。"陈羽《广陵秋夜对月即事》有："相看醉舞倡楼月，不觉隋家陵树秋。"刘禹锡《百花行》写道："长安百花时，风景宜轻薄。无人不沽酒，何处不闻乐。"韦应物《酒肆行》中描写得更为生动：

豪家沽酒长安陌，一旦起楼高百尺。

碧疏玲珑含春风，银题彩帜邀上客。

回瞻丹凤阙，直视乐游苑。

四方称赏名已高，五陵车马无近远。

晴景悠扬三月天，桃花飘俎柳垂筵。

繁丝急管一时合，他垆邻肆何寂然。

　　长安城外的灞陵、虾蟆陵、新丰、渭城、冯翊、扶风等地也有众多酒肆。《开元天宝遗事》记载："长安自昭应县至都门，官道左右村店之民，当大路市酒，量钱数多少饮之，亦有施者与行人解之，故路人号为歇马杯。"昭应县在今临潼，从这里到长安东门数十里的大道两旁，有许多村民开设的酒店，有的甚至不需付钱，可以随意饮用。在郊区的县邑村镇也有酒肆，这些地方也是诗人们吟咏买醉的好去处。岑参《送怀州吴别驾》诗说："灞上柳枝黄，垆头酒正香。"韦庄《灞陵道中作》说："秦苑落花零露湿，灞陵新酒拨醅浓。"韦庄《延兴门外作》说："芳草五陵道，美人金犊车。……马足倦游客，鸟声欢酒家。"五陵泛指长安郊区诸陵，这些地方历来都是豪门贵族居住地区，也是酒肆最为集中的地方，因而这些地方常出产名酒。位于今临潼的新丰酒肆最为集中，所产的酒也最为著名。新丰美酒是诗人们赞口不绝的题材。李白《杨叛儿》诗云："君歌《杨叛儿》，妾劝新丰酒。"王维也很推崇新丰酒："新丰美酒斗十千，咸阳游侠多少年。相逢意气为君饮，系马高楼垂柳边。"李商隐《风雨》有："心断新丰酒，销愁斗几千？"

　　长安西郊的渭城，是通往西域和巴蜀的必经之地，唐人西送故人，多在渭城酒肆中进行，留下了许多渭城酒肆钱别的名句，如王维《送元二使安西》："渭城朝雨浥轻尘，客舍青青柳色新。劝君更尽一杯酒，西出阳关无故人。"崔颢《渭城少年行》诗："渭城桥头酒新熟，金鞍白马谁家宿。可怜锦瑟筝琵琶，玉台清酒就君家。"李白《送别》诗云："斗酒渭城边，垆头醉不眠。"

长安以外，洛阳、扬州、益州等通都大邑和州郡治所都有酒肆。大中城市和州郡治所以下的县邑和乡村也有酒肆，只不过规模往往较小。

酒肆招徕客人的传统方式是悬挂酒旗，就是所谓"旗望"。通常的做法是在酒肆门外，高高挑起大帘，以青白布数幅作为标识。乡村野店通常在门前挂出瓶、瓢或扫杆。此即古人所称"悬帜"。悬帜高挑，路上行人远远望见，便可卸下行囊，入店沽酒酌饮。皮日休《酒中十咏·酒旗》中的"青帜阔数尺，悬于往来道。多为风所飏，时见酒名号"记载了唐代酒旗的尺寸、颜色和写有本店所卖的酒的名号的习俗。元稹也有诗说："试问酒旗歌板地，今朝谁是拗花人。"白居易诗有："红袖织绫夸柿蒂，青旗沽酒趁梨花。"

酒肆吸引客人的另外一个方式就是选用妙龄女子当垆卖酒，"锦里多佳人，当垆自沽酒"说的便是这种情景。酒伎从小由专门人去培养她们的诗词歌赋和舞乐能录，尤其擅长酒令，在宴会中她们常常坐在宾客两边，以活跃宴会气氛。唐代酒伎以扬州最为出名，有专门的教习班子。

唐代长安、洛阳、扬州、杭州、益州、汴州等都是拥有数百万人口或数十万人口的大城市。长安、洛阳之外的都市如成都、扬州、金陵、广州等大城市中店肆也很普遍。以长安为中心，设置驿路，贯通全国各地，驿道两旁设有许多饮食店肆。《通典·食货典》记载："东至宋、汴，西至岐州，夹路列店肆待客，酒馔丰溢"，一路上都有酒店待客，食物丰盛。而南到荆襄，北到太原、范阳，西到四川，也都有旅店可供来往的商人行人休息住宿。在交通路口也有饮食业，如唐人罗隐有诗称："汉阳渡口兰为舟，汉阳城下多酒楼。"《开元天宝遗事》中记载，从长安的昭应县到城门口，道路两旁有卖酒之处，按在能承受的范围内的酒钱来饮酒，但"亦有施者与行者解之，故路人号为歇马杯"。

唐代以前，商业贸易限于白天，夜间实行宵禁。中唐以后，很多繁华的商业都市及农村集市上，夜间饮食业广泛出现，在城乡夜市中，饮食业是最为火爆的行业。白居易《夜归》诗说："逐胜移朝宴，留欢放晚衙。……皋桥夜沽酒，灯火是谁家。"在长安，务本坊西门率先出现了"鬼市"，即夜市。夜市发展很快。唐文宗开成年间曾下令"京夜市，宜令禁断"，然而夜市仍在发展，以至崇仁坊"尽夜喧呼，灯火不绝"，朝廷只得听之任之。中唐诗人王建《夜看扬州市》诗云："夜市千灯照碧云，高楼红袖客纷纷。如今不是时平日，犹自笙歌彻晓闻！"晚唐诗人薛逢生动地写道："洛阳风俗不禁街，骑马夜归香满怀。"

酒店售卖时间的延长，为居民的夜饮嗜好提供了诸多方便，夜赴酒肆买饮纵情的现象多有发生。《岭表录异》上就说："广州人多好酒，晚市散，男儿女人倒载者，日有二三十辈。"全国各地不论南北，酒肆已经允许夜间贸易。诗人张籍《送南客》诗云："夜市连铜柱，巢居属象州。"唐人方德元的《金陵记》中，也记载了金陵的夜市，说富人"盛金钱于腰间，微行夜中买酒，呼秦女，置宴"。杜荀鹤的《送人游吴》写了姑苏夜市："君到姑苏见，人家尽枕河。古宫闲地少，水港小桥多。夜市卖菱藕，春船载绮罗。

遥知未眠月，乡思在渔歌。"开放的夜间酒肆给很多夜不归宿的人带来了理想的去处。这种场景，在诗人的笔下得到了充分的反映，如杜牧的"夜泊秦淮近酒家"，张籍的"夜静坊中有酒沽"，张祜的"酒家灯下犬长眠"。

图书在版编目（CIP）数据

大唐夜宴：唐代人的饮食生活 / 武斌著 . -- 沈阳：
沈阳出版社 , 2022.3

ISBN 978-7-5716-2271-8

Ⅰ . ①大… Ⅱ . ①武… Ⅲ . ①饮食 – 文化研究 – 中国
– 唐代 Ⅳ . ① TS971.2

中国版本图书馆 CIP 数据核字（2022）第 022141 号

出版发行：沈阳出版发行集团 | 沈阳出版社
　　　　　（地址：沈阳市沈河区南翰林路10号　邮编：110011）
网　　　址：http://www.sycbs.com
印　　　刷：辽宁泰阳广告彩色印刷有限公司
幅面尺寸：155mm×225mm
印　　　张：18
字　　　数：280千字
出版时间：2023年2月第1版
印刷时间：2023年2月第1次印刷
责任编辑：沈晓辉　郑　丽
装帧设计：杨　雪
责任校对：张　晶
责任监印：杨　旭

书　　　号：ISBN 978-7-5716-2271-8
定　　　价：88.00 元

联系电话：024-24112447　024-62564922
E – mail：sy24112447@163.com

本书若有印装质量问题，影响阅读，请与出版社联系调换。